U0825832

反内耗思维

提升自身的效率

“推开心理咨询室的门”编写组　编著

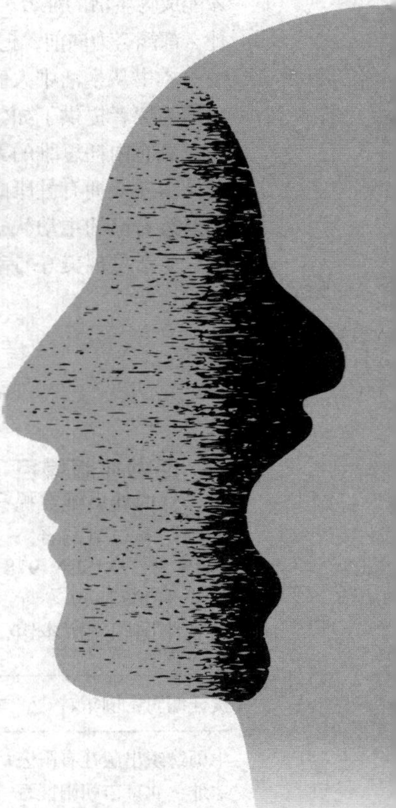

中国纺织出版社有限公司

内 容 提 要

任何人，一次只能做好一件事，只有拒绝精神内耗，才能心无旁骛、专注手头事，才能提升效率，尽早实现成功。同时，只有拒绝内耗，才能做到内心强大，才能真正无所畏惧，才能成为生活的强者、人生的赢家，才能在人生路上无论遇到什么都能努力向前，把握幸福。

本书从生活中人们常见的内耗思维和心理入手，深入浅出地为读者提供了如何成为内心强大的人的“必修课程”，它对总有内耗思维的人具有疏导作用，告诉读者要想真正做到反内耗，拥有健康的生活状态与高效的工作和做事效率，还要靠自己的主动认知与积极应对。跟内耗说“再见”，才会让生活重现美好与幸福。

图书在版编目（CIP）数据

反内耗思维：提升自身的效率 / “推开心理咨询室的门”编写组编著. -- 北京：中国纺织出版社有限公司，2025. 3. -- ISBN 978-7-5229-2158-7

Ⅰ. B84-49

中国国家版本馆CIP数据核字第2024KT4915号

责任编辑：柳华君　　责任校对：高　涵　　责任印制：储志伟

中国纺织出版社有限公司出版发行

地址：北京市朝阳区百子湾东里A407号楼　邮政编码：100124

销售电话：010—67004422　传真：010—87155801

http://www.c-textilep.com

中国纺织出版社天猫旗舰店

官方微博 http://weibo.com/2119887771

鸿鹄（唐山）印务有限公司印刷　各地新华书店经销

2025年3月第1版第1次印刷

开本：880×1230　1/32　印张：6

字数：134千字　定价：49.80元

凡购本书，如有缺页、倒页、脱页，由本社图书营销中心调换

前言

生活中，可能不少人都有这样的感觉：有时明明什么都没做，但就是感觉特别累，头晕、乏力、注意力不集中……

“为什么早晨刚起床脑袋就昏昏沉沉的？”

“为什么我已经辞职了，每天都在家休息，但还是感觉很累？”

“为什么我想控制情绪，但就是忍不住发脾气？”

对于这些感觉，可能你再熟悉不过了，但却不知道为什么。其实，每一个“为什么”背后，都有一段激烈的自我斗争历程。

比如，当我们遇到了委屈，想要哭泣时，你的头脑中迅速出现一个声音：“别哭，那太丢人了。”于是，我们开始强颜欢笑伪装自己。

比如，当我们受到欺负时，你本该保护自己的权益，但这个声音又出现了：“你想和别人吵架吗？你想被人看笑话吗？”于是，我们开始压抑内心的感受，习惯用逃避、沉默来面对权益的侵犯。

再比如，当我们工作没做好、感情受挫时，这个声音又出来煽风点火：“你真没用，什么都做不到……”于是，在现实的痛苦外，我们还要遭受自我评判带来的折磨。

其实引发这一切不愉快感受的，就是自我战斗带来的内耗！

内耗是指内部消耗，自我内耗多数是由于人对自己的不接纳或者纠结、批评导致的，因为自我原因对自己精神、身体的消耗，对个人来讲是一种损伤。精神内耗的核心是对自我的负面信念，导致过度思考。内耗的危害是很大的，它会让人们陷入消极情绪，无法积极面对生活，对身体健康和心理健康都会造成伤害。

内耗会让人们变得消极和悲观。当一个人陷入内耗的状态时，往往会忽略掉自己的优点和潜力，只关注自己的不足和缺陷。这种消极的情绪会让人们失去信心和动力，无法积极地面对生活中的挑战。

因此，正是内耗，让我们总是昏昏沉沉、效率低下、消极萎靡，让我们浑浑噩噩，没有斗志。可见，找到阻碍我们积极向前的元凶——内耗后，我们就要积极寻找应对的策略——反内耗思维。

心理学家指出，学会臣服是一种有效的方法。臣服的核心在于接受现实生活本来的样子，不再对自己过于苛求和期望。这并不意味着放弃追求目标和梦想，而是要在接受现实的基础上，积极地去努力和奋斗。只有这样，才能真正地减少内耗，让自己更加健康、积极地面对生活。

或许你会说，我现在还找不到方向，不知道从什么地方开始努力；或许你也会说，我没有信心可以战胜内耗。那么，你可能需要一名导师来为你指点迷津，可能需要一剂强心剂来激励你前行，而这就是本书的目的。

本书就是一本给人力量、促人奋斗的心灵抚慰剂。本书犹如一位智者娓娓道来，帮助你唤醒那个积极向上的自己，帮助你消除精神内耗，找到人生努力的方向和动力。详细阅读完本书，你会有所感悟，会找到奋斗的方向和热情，最终驾驭自己的人生，实现自己的人生价值！

编著者

2024年8月

目录

| 第 01 章 |

慧心巧语，善于运用语言艺术达成所愿

说话是一门艺术，也是一种智慧，我们每天都在交谈，可是我们是否能把每一句话都说得恰到好处呢？有些话该说，有些话却不该说，我们一定要把握好分寸。在交谈中我们尽量减少与人争执，因为这会有损别人对你的印象；在交谈中我们要学会顾及他人，这样才不会让人感到尴尬；在交谈中我们要学会倾听，因为这是一个人良好修养的表现；在交谈中我们要懂得谦让，这能展现出一个人博大的胸怀与气度……说话能反映一个人，能成就一个人，也能毁掉一个人，那么你会“说话”吗？

交谈中不要冷落任何人

妮妮是个可爱的小女孩，今天是她过4岁生日的日子。

今天正好是周六，爸爸妈妈休息在家。她们一商量，决定给妮妮过个特别隆重的生日。上午吃过早餐后，她们就带着妮妮出门逛街去了。蛋糕店、儿童服装店、玩具店，每个地方都转了一大圈，买了一大堆妮妮喜欢的东西，乐得妮妮的小嘴都合不拢。

还不止于此，爸爸又神秘兮兮地告诉妮妮，晚上才是她生日的重要时刻。

到了晚上，妮妮才知道这生日“隆重”在哪里了，原来爸爸邀请了几个最好的朋友一起来给妮妮庆祝生日。看到那些叔叔伯伯们带来的漂亮的生日礼物，妮妮开心极了，她觉得自己是世上最幸福的小孩。

不过，很快妮妮就高兴不起来了。那些叔叔伯伯们来了之后，都会亲切地围着妮妮，和她说上几句话，可是没一会儿就都不再理会妮妮，只是和爸爸在一起喝茶聊天。爸爸也是一样，和老朋友们聊得热火朝天，把妮妮给抛在了脑后。

妮妮一个人在客厅里呆坐着觉得很无聊，就跑到厨房里找妈妈。

“妈妈，为什么爸爸和叔叔们都不理我了呀？”

“乖，他们在聊天呢，你不要去烦他们了，自己玩吧！”

“可是妈妈，我才是今天的主角啊，他们也可以和我聊天啊！”

“乖，妈妈忙着呢，你一边玩儿去啊！”

妮妮委屈极了，一个人躲在屋子里生闷气。她觉得这个生日过得没意思极了，因为自己受到了大人们的冷落。她在心里暗暗对自己说：以后再也不相信爸爸了。

一个4岁的小女孩，在自己被他人忽视的时候都会感到伤心难过，这或许就是人的一种本性，怕不被重视，怕被冷落。在生活中我们几个人一起玩或者交流的时候，不也经常发生这样的事情吗？或许你和一个伙伴谈得热闹，可是你是否发现，另一个人在角落里已经被你们遗忘了？

比如，当你和一个人在聊天的时候，你们一起侃侃而谈是正常的事情。但是如果你同时和两个人聚在一起，而另一个人并不是你非常熟悉的人，往往你会忽略他。你只顾着跟你的好朋友谈天说地，谈你喜欢的话题，可是你是否考虑到另外一个人的感受呢？他在被你们冷落的时候是否很难过？他的尴尬你是否能体会到？每个人都希望受到尊重和重视，因此不要只顾着和一个人海阔天空地聊，而把另一个人排除在谈话圈子之外，需要与每个人交流，与每个人交换眼神。

所以，我们在与人聊天的时候要学会尊重，要兼顾到每个人的情绪，不要只考虑自己高兴就好而忽视了他人，这样是不礼貌的行为。倾听别人谈话时除了注意正在说话的人，目光也要适当照顾其他人，交换一下目光，同时尽量启发不爱说话的人开口说话。

张强和王泽初入职场，在人际关系微妙的公司中还算比较谈得来。于是，经常一起吃饭。这天，公司又进来一个新职员刘宇，刚好是张强的老乡，于是中午张强就招呼刘宇和他们一块吃饭。期间张强和刘宇用方言聊得不亦乐乎，把王泽晾在了一边。从此，王泽总会找借口不跟张强一块吃饭。事实上，张强和刘宇只是觉得用老家话聊天自然亲切，但却忽视了王泽的存在，让王泽的心中留下不快。

谈话要照顾在场的所有人，现场有多人时，注意与在场的所有人攀谈，切忌只与一两个人说话，不理会在场的其他人，或仅与个别人谈两个人知道的事而冷落其他人。

此外，在大多数社交场合中，总会有一些人，或至少有一个与群体格格不入的人。他可能从外表到举止都像是一个局外人，因而也就常常被别人排斥在外，不管他看上去多么枯燥无味，你也不应该这样对待他。我们要学会设身处地地为他人着想，不要总是冷落了他人，尽力活跃好气氛，让谈话的每一个人都能融入其中。

与人交往，切忌争论不休

人与人交往很容易出现矛盾，然后互相争执，这是正常的事情，虽然正常但是我们还是应该多加避免才好，没必要事事争个高下，面红耳赤，最终伤了和气。通常来讲，争论是不会有好结果的，它不但不能很好地解决问题，还可能将简单的问题复杂化。反之，如果其中的任何一方主动放弃争论，后退一步，宽容地低下头，忍让一下，事情就有可能得到圆满的解决。所以说，为了人际关系的和谐，我们在交谈的过程中应该做一个胸怀宽广的人，减少争执，用自己的气度赢取他人的尊重和喜爱。

郑俊有一个好朋友结婚，于是在婚礼当天他便早早赶到了现场。新娘和新郎打小就相识，可以说是一起长大的好朋友，大家都在羡慕与欣喜中为他们送祝福，这时有一个小伙子就用了“青梅竹马”这个成语。为了进一步显示自己的才华，他还念了一首诗：“郎骑竹马来，绕床弄青梅。”但是，在谈到这首诗的出处时，却“张冠李戴”了，他把这首本是唐代诗人李白所写的《长干行》误说成了宋代女词人李清照所写的诗。

郑俊比较喜欢文学，当听到那个小伙子的话后，他突然觉得很不对劲。于是他也想卖弄一下自己的才华，就当着所有人的面把这个问题给说了出来。可是那个小伙子也毫不退缩，一直坚持自己的观点。

郑俊和那个小伙子争论得面红耳赤，各有各的理。这时郑俊看到了他的老朋友李勇，这可是一个文学才子，于是郑俊就把李勇招呼过来说个明白。郑俊和那个小伙子都把各自的论点说完，那位朋友却只是静静地听着。然后在盖着桌布的桌下，他用脚轻踢了郑俊一下，然后很严肃地说："你错了，那位先生说得才对。"

婚礼之后回到家，郑俊心里还是有疙瘩，他觉得就是自己对了，为什么连李勇也觉得错了呢？正纳闷着，李勇的电话打了进来，刚一接通电话，李勇就说："你今天说的那首诗是李白的《长干行》，一点也没错。"这时郑俊纳闷了，李勇接着说："你说的一切都对，但我们都是客人，何必在那种场合给人难堪呢？再说了，人家只是在现场给新人一种祝福，让新人高兴就好了，这事情跟你压根就没有关系，何必为了出风头闹得不愉快呢？在社会上工作别忘记这点，永远不和人做无谓的争论。"

不错，如果执意与人争论，即便自己是对的，而且占了上风，但到最后吃亏的可能还是自己。

与人交往中，难免会因为观点不一致而发生争论。但点到为止即可，是非对错自有公论，争强好胜会闹得都不愉快。

人是要面子的，即便你有着强烈的表现欲，但是你也应该分清场合，该说的话要说，不该说的就不要去强争风头，否则到时候后悔也来不及。说话要减少争执，其实在你开始争执的那一刻，你已经输了，争执是伤人伤己的行为，还是尽量避免为好。此外，与人交谈切忌出言不逊，这是一种很不礼貌的行为。适当的沉默是一种很巧妙的说话艺术，因为言多必失，话越多你的问题和破绽就暴露的越多。

嘴甜一点，多赞美他人

人与人相处中想要拉近彼此的关系，那你就要学会赞美，因为每个人都需要他人的肯定与欣赏，可以从中获取一种幸福感和荣誉感，从而感到喜悦与鼓舞，可以说赞美就是连接彼此的一个纽带。赞美不是虚伪的奉承，也不是夸大其词的吹捧，而应该是一种真诚的鼓励。一个懂得赞美的人，能够在他人需要动力的时候说一句“你一直很棒，继续努力”，能够在他人取得成就的时候说一句“恭喜你，你做得非常好”。适当地给予赞美，这对他人来说无疑是一种很大的鼓励，别人对自己的印象也会变得更好，这对改善职场的人际关系有很大的帮助。

珍珍把一头留了多年的长发剪成了齐耳短发，同事们都称赞她的新发型好看，显得清爽、简洁。珍珍听到大家这么一夸，对理发师的怨气也没有了。“其实刚刚剪完的时候我是不开心的，因为新发型没有达到我期望的那种感觉。当时都想跟理发师吵一架，感觉把我一头秀发都给毁了。今天上班也不高兴，结果，有个客户来找我，我当时气还没消呢，怎么看怎么就觉得那个客户不顺眼，差点跟他发火！现在你们这么一说我感觉心里舒服多了，现在看着也还可以，这样我就放心了，可能是我刚开始剪短发还没适应的缘故吧，谢谢你们。”

这就是懂得赞美给人带来的愉悦感和幸福感，我们继续看下面这个案例：

王倩倩是一个人缘很好的女生，这一切都得益于她懂得赞美他人。

有一次，在公司的会议上，同事小李展示了一个报告。报告很平常，会场的反应也不是多么热烈。会后，王倩倩在洗手间遇到小李，便鼓励他说：“我很喜欢你的报告，简明扼要，很会抓要点，加油！”小李听了王倩倩的话，心情愉快了一整天。

王倩倩和每个相识的人都能在短时间里建立友谊。王倩倩善于夸赞他人，男同事穿新衣服了，她会很自然地说一句：“你这一身衣服好帅气哦！”女同事换发型了，王倩倩就跟她一起讨论说：“我喜欢这个发型，真的挺美的，你的脸型好看，发型很搭。”

王倩倩在公司里与人相处得非常好，而良好的人际关系也给她带来了不少的便利。

从心而发的赞美会让你收获很多，会使友情增温，会给他人带来力量，在自己需要的时候会得到更多的帮助……人与人之间的距离有时候只是不经意间的一句赞美之词就能拉近，这是一种很奇妙的感觉和体验。多去赞美别人，你也会获得相应的赞美。精神上的愉悦能带动你在工作上表现得更加优秀。

赞美是一门充满无穷奥妙的学问，懂得赞美的实质是能够抓住赞美的“度”。生活中，有些人经常会犯一些错误，就是见了什么都说好，信马由缰、天花乱坠、不懂装懂，看似是一句句夸赞人的话，其实让人觉得非常反感，好像在嘲笑别人一般。所以说赞美要适度，要从心，不要虚情假意，否则就会适得其反。因此，赞美别人也要讲究分寸和方法。

张太太体型比较胖，有一次她去一家商场买衣服，刚到一家店门口，一位店员热情地迎了上来，微笑着说：“您好！请问您需要什么？”张太太说：“我看一下有没有合适的连衣裙。”于是这位店员就开始帮助张太太挑选，最后张太太看中了一件白色的连衣裙，感觉比较干净大气。张太太拿着衣服走进了试衣间，换完衣服之后张太太在镜子面前不断地打量，感觉越看越不好看，可能对于较胖的人来说，这个白色的连衣裙会让人显得更胖吧。这位店员明白张太太是喜欢这条白色裙子的，就连连说：“其实您穿着真的很合适的，白色简单大气，很符合您的气质，很漂亮。您看这腰身，多合体。”张太太正在镜子前转来转去欣赏衣服，听见店员说什么漂亮、腰身，突然满脸的不高兴，换下裙子转身就走了。

韩非子曾经说过一段话，大意是：要适当地赞美别人的优点和长处，这是正确处理人与人之间的关系的一条重要而实用的法则。任何人都乐意听好话，听别人赞美自己的长处和优点，而不愿意听别人直说自己的短处和缺点。虽然赞美的妙用到处可见，但若是用错了，就会令人处境尴尬。

其实，赞美这个词，对我们来说并不陌生，生活中处处都充满了赞美。但要想将赞美真正地发挥到极致，并不是那么容易。赞美是一种说话的艺术，运用得当，则让人身心愉快，充满欢乐，回味无穷；反之，不恰当和随意的赞美反而会给人带来不快与难堪，甚至有“拍马屁”之嫌，也就失去了赞美的本意和效果。张太太的案例就是不懂得赞美造成的尴尬局面，如果只是一味地赞美他人，根本不考虑实际情况，那么谁会信呢？只会让别人觉得你这个人太虚伪，太喜欢阿谀奉承罢了。所以说，赞美要真诚和恰当，不要漫无边际和应付，否则你极有可能得罪他人从而失去他人的信任。

总之，交际中要快速赢得人心，要讨人喜欢，就要学会赞美，但是，赞美不能不切实际，也不能是违心的赞美，为了赞美而赞美的奉承之词也要避免。这样，才能让自己利用赞美点燃别人的心灵之火，进而赢得别人的无限好感。

真诚表达，赢得信任

人都喜欢与真诚的人交朋友。如果一个人在朋友面前也不展露自己真实的一面，那么他是永远也不可能交到真朋友的。

北宋词人晏殊素以说话真诚著称。他14岁时参加殿试，真宗出了一道题让他做，晏殊看过试题后说：“我10天以前做过这个题目，草稿还在，请陛下另外出个题目吧。”真宗见晏殊这样真诚，感到他可信，便赐他“同进士出身”。晏殊在史馆任职期间，每逢假日，京城的大小官员常到外面吃喝玩乐。晏殊因为家贫，没有钱出去，只好在家里和兄弟们读书写文章。有一天，真宗点名要晏殊担任辅佐太子的东宫官，许多大臣不解。真宗对此解释说：“近来群臣经常游玩饮宴，只有晏殊和兄弟们闭门读书，如此自重谨慎，正是合适的人选。”晏殊向真宗谢恩后说：“我也是个喜欢游玩饮宴的人，只是家里穷而已，如果我有钱，也早就参与宴游了。”真宗听了，越发赞叹他的真诚，对他更加信任。

言语坦诚更能赢得别人的信赖，如果一个人连最基本的诚恳都做不到，那么他说的话就真不知从何而听了。如果不能做到真诚待人，总是信口雌黄，或是四处吹嘘，那么终有一天将会祸从口出，造成麻烦。一个人说话的魅力并不在于语言的华丽、表达的流畅，而在于是否倾注了感情、表达了真诚。

美国前总统林肯非常注意在自己说的话中融入真诚情感。林肯说过：“一滴蜂蜜比一加仑的胆汁能吸引更多的苍蝇。人也是如此，如果你想赢得人心，首先要让他相信你是他最真诚的朋友。那样，就像有一滴蜂蜜吸引住他的心，也就形成一条坦然大道，通往他的理性彼岸。”1858年，林肯在一次竞选辩论中说：“你能在所有的时候欺瞒某些人，也能在某些时候欺瞒所有的人，但不能在所有的时候欺瞒所有的人。”这句著名的格言，成了林肯的座右铭。

曾巩是宋朝的一位大诗人。他为人正直宽厚，襟怀坦荡，直来直去。他和王安石一直都是好朋友。

有一次宋神宗问曾巩：“你与王安石是布衣之交，王安石这个人到底怎么样呢？”曾巩很客观、直率地回答说：“王安石的文章和作为比扬雄要强很多。不过，他为人过吝，这一点比不上扬雄。”

宋神宗很惊异，又问道：“你和王安石是好朋友，为什么这样说他呢？据我所知，王安石为人轻视富贵，你怎么说他‘吝’呢？”

曾巩说：“虽然我们是朋友，但并不等于朋友没有毛病。王安石勇于作为，而‘吝’于改过。他不善于接受别人的批评而改正自己的错误，所以我说他‘吝’！”

宋神宗听后称赞道：“此乃公允之论。”王安石知道这件事之后，并没有因为曾巩揭自己的短处就和他过不去，相反他们的情谊更加深厚了。

曾巩面对宋神宗的问话，没有虚情假意的偏袒，而是选择了以诚相待，每个人都不是完美的，真诚的实情相告并不是恶意中伤。也因为他的真诚和耿直，曾巩赢得了与王安石更为深厚的友谊。其实言语得体也是出于真诚，话说得恰到好处，不含虚假成分，能说不真诚吗？总之在与人交谈中要避免过于客套，过分地掩饰雕琢，以免谈话失去了心里的那份纯真自然。

总之，交谈是讲究心意与技巧的。与人交流的时候要把注意力放在对方身上，切不可说些不着边际的假话、大话、空话。劝阻别人的时候，言语要真诚；赞美别人的时候，言语要真诚；安慰别人的时候，言语也要真诚。这是与人谈话的基本原则。

多听少说，把说话的主动权交给他人

苏格拉底说：“人有两耳双目，只有一舌，因此应多听多看少说。”莫里斯说：“要做一个善于辞令的人，只有一种办法，就是学会听人家说话。”“倾听”是人类的一种美德，是人与人之间高效交流的一种有效的方法。在与人交往中我们要懂得倾听，学会重视和尊重他人，多去听听他人所要表达的意思，这样你就会给人留下认真、踏实、尊重他人的印象。

小林是一个善于倾听的女孩，善于倾听的品质让她拥有着许多的好朋友，每一个都将小林视为毕生知己，有什么开心的事都会与小林共同分享，遇到困难也会向她倾诉。

一天，小林的朋友敏敏来到她家，一坐下便长吁短叹，还流下了眼泪。小林默默地递上一杯热水，坐在敏敏对面，耐心地聆听敏敏的倾诉……

原来敏敏在单位被人诬陷，工作上出了很大的错误，差点被老总开除，雪上加霜的是，她的男朋友阿龙在这时提出分手，敏敏觉得生活毫无希望，完全失去了前进的动力。

敏敏不停地讲着，把心里的苦闷全部倾泻出来，而小林只是静静地听着，用一种理解、同情的目光凝视着敏敏的脸，不时地点点头表示赞同……

渐渐地，敏敏痛苦的表情放松了，眼泪也消失了。小林微笑了一下，拍拍敏敏的肩，她说："敏敏，没事了吧？现在感觉怎么样呢？"

敏敏擦擦眼泪，同样回以一个微笑："好多了，谢谢你听我说这么多，现在觉得事情也没有那么严重，如果没有你，我真不知道该怎么办好了。"

小林握住敏敏的手，关切地说："不要难过，没有过不去的坎儿，不管发生什么事情，你要往好处想，要想开些，还有我呢。"

然后，小林和敏敏一起讨论怎么挽回工作上的失误，怎么向领导讲明这一切，告诉领导事情的真相。对于阿龙离开的事情，既然已经发生，那就顺其自然好了，有些人做得太过分，我们也没必要折磨自己……

一个懂得倾听的人，也一定拥有良好的人际关系。多听听他人的心声，及时给予些许的安慰与鼓励，这会让人觉得你是一个值得交往的人。全神贯注地听对方讲话，这是尊重对方的表现。在对方需要的时候，我们要给予一定的认可和眼神的交流互动，这样对方更能感受到我们的真诚，更利于彼此的交谈。

古代曾经有个小国因为战败，派使者到大国来求和。随礼品进贡了三个一模一样的金人，做工精细，把大国的皇帝高兴坏了。可是这个小国依然有一些不臣之心，他们给皇帝出了一道题目：这三个金人哪个最有价值?

皇帝想了许多办法，请来珠宝匠检查，称重量，看做工，但三个金人都是一模一样的。怎么办?使者还等着回去汇报呢。泱泱大国，不会连这个小事都不懂吧?那还怎么能领导群雄呢?

最后，有一位老大臣说他有办法。

皇帝将使者请到大殿，老大臣胸有成竹地拿着三根稻草，分别插入了三个金人的耳朵里。第一个金人耳朵里的稻草从另一边耳朵出来了；第二个金人耳朵里的稻草从嘴巴里直接掉了出来；而第三个金人，稻草从耳朵进去后就进了肚子，不出来了。老大臣对皇上说第三个金人最有价值！使者听到答案后就俯首称臣了。

这个故事告诉我们，最有价值的人，不一定是最能说的人。一定要善于倾听。

在人际交往过程中，有时候，听比说还要重要。有些大人物曾经说过，他们对善听者比对健谈者更为满意。所以，在交谈中，我们不但要会说，还要学会倾听。假如你想得到一场成功的谈话，那么你就要学会倾听。

约翰·海是美国的一位著名政治家，他不但能够做精彩的演讲，同时也是一位极佳的听众。他在倾听别人谈话的时候，总是做出一副明显很崇敬对方的样子，非常专注。任何跟他谈过话的人，只要同他一起坐上半个小时，他们就会感受到自己已经被约翰·海给征服了，同时，无意之中也受到他的鼓励，不知不觉地向前走了。

豪斯先生曾是威尔逊总统在位时的副总统，工作非常出色。他的一位朋友曾经这样评价道：“豪斯先生一向是一名好听众。他之所以能够出任威尔逊的副总统，可能多半是出于他倾听的态度。因为豪斯和威尔逊首次在纽约会面时，他就用倾听的策略赢得了威尔逊的好感，同时也引起了威尔逊对他的注意。”

倾听是一种智慧，在倾听的时候，不仅要用耳朵去听，还要用心灵去感受。在倾听的过程中，要通过自己的语言和非语言行为向对方表达尊重、友善和理解。除此之外，我们还要懂得适当地发表自己的看法，与对方交换看法。这样，才能营造一个良好的氛围，始终让对方感觉到自己的谈话是重要的。

学会倾听，是一个人成熟的标志；学会倾听，是一个人睿智的表现。朋友们，做一个善于倾听的人吧，少说一点，多听听他人的心声，这样你的谈话才会更为成功。

第 02 章

告别安逸，不让内耗思维阻止你前行

你想成功吗？想必很多人都会回答“想”，可是你能狠下心严格要求自己吗？想必很大一部分人已经有所顾忌，有所畏怯了。是啊，之所以有成功者有失败者，就是因为很多人害怕吃苦受累，不忍心对自己“狠一点”。如果一味地宠着自己，那么我们如何更快地成长呢？其实生活中没有什么过不去的坎儿，只要我们咬咬牙，一切都会过去的。战胜自己的人，才配得到上天的奖赏，我们要不断地磨炼自己，才能收获更多的进步。所以说，要想成功就不要再得过且过地混日子了，用一股努力向上的“狠劲”不断前进吧！

告别安逸，人生不能得过且过

传说从前在五台山有一种奇特的小鸟，名叫寒号鸟。寒号鸟有四只脚，两只肉翅，不会飞行。盛夏是寒号鸟最快乐的日子，它全身长着绚丽丰满的羽毛，鲜艳夺目，使百鸟十分惊羡。寒号鸟得意扬扬，整天走来走去，到处找别的鸟比美。它一边走一边唱道："凤凰不如我！凤凰不如我！"

夏去秋来，有些鸟飞向遥远的南方，到那里去过冬；留下的鸟整天辛勤劳碌，积粮造窝，准备过冬。只有寒号鸟仍然游游逛逛，到处炫耀它那身五光十色的羽毛。

秋去冬来，寒风呼啸，雪花飘舞。别的鸟在秋季都换上了一身又厚又密的羽毛，迎接寒冬的到来。而寒号鸟却与众不同，到了冬天，它那身漂亮的羽毛脱得光光的，一根毛也没剩下，就好像还没有长毛的鸟崽。夜晚，全身光秃秃的寒号鸟，躲藏在石缝里，凛冽的寒风不断袭来，冻得它浑身直打哆嗦。它不断地哀号："好冷啊，好冷啊，明天就做窝，明天就做窝。"可是，当寒夜过去，太阳从东方升起，温暖的阳光照耀大地，这时，寒号鸟忘记了昨夜的寒冷，忘记了要做窝的决心，它又说："得过且过！得过且过！"

寒号鸟始终也没有做窝，就这样一天天地混日子，最后冻死在五台山的岩石缝里。

成语“得过且过”即由此而来，意思是过一天算一天，不作长远打算。现在也指工作、学习中只求过得去即可。很多人容易受到外界的迷惑，不能始终坚持，一味地贪图享乐，他们不奋力前进，最后只能蹉跎一生，一事无成。

有一匹偷奸耍滑的狼，每次跟着狼群去抓捕猎物的时候，它都不会全力以赴。而只会虚张声势地比画几下子，有好几次猎物的逃脱都与它的配合不到位有很大的关系。

事后，头狼组织狼群一起总结捕杀猎物的经验教训时，它也不认真听。别的狼刻苦训练、挑战自己的极限时，它却优哉游哉地到处晃悠。它的生活状态分明就是在混日子。

渐渐地，头狼和许多其他的狼都看出这条狼懒惰而又自以为很聪明的本质了，纷纷开始疏远它。

但是这条狼却不知悔改，相反，它认为，反正事已至此，也只有得过且过，混完一天是一天了。它不愿意刻苦地磨炼自己，也不愿意为了保持捕猎的能力而一次次地挑战自己奔跑的极限。

头狼见它丝毫没有悔改之意，于是就毅然决然地把它赶出了狼群。没过多久，这匹狼就被饿死了。

这匹狼很明显就是在混日子，根本不懂得学习提升自己的本领，熬一天算一天，这样的心态饿死也是情理之中的事情。其实生活中不也有很多类似的人吗？无论是对待工作还是生活，没有丝毫的上进心，别人在追求梦想的路上不断打拼，而他们却在悠闲自在地混日子，混工资，慢慢就成了一个颓废的人。还有的人想做大事，却漫无目标，得过且过。这样的人肯定会有很多局限性而无法超越自我，难有大的突破和进展。实际上，凡是有“得过且过”心态的人，无不是给自己立了一堵墙，并自得地在围墙之内沉醉。殊不知，这俨然是在耗费生命。

你的努力是对自己人生的负责，你对生活的热忱是对生命的敬重，在这个方面美国著名人寿保险推销员乔治就创造出了一个个伟大的奇迹。

最初，乔治是一名职业棒球运动员，后来却被球队开除了，因为他动作无力，没有激情。球队经理对乔治说：“你这样对职业没有热忱，不配当一名职业棒球运动员。无论你到哪里做任何事情，若不能打起精神来，你都永远不可能有出路。”这次惨痛的经历给了乔治沉重的打击，但他并未意志消沉。朋友又给乔治介绍了一支新的球队。

在工作的第一天，乔治做出了一个惊人的决定：他决定做美国最有热情的职业棒球运动员。从此以后，球场上的乔治就像装了马达一样，强力地击高球，把接球人的手臂都震麻了。

有一次，乔治像坦克一样高速冲入三垒，对方的三垒手被乔治强大的气势给镇住了，竟然忘了去接球。热忱给乔治带来了意想不到的结果，不仅将他出色的球技发挥得淋漓尽致，还感染了其他队员，整个球队变得激情四溢。

最终，球队取得了前所未有的佳绩。当地的报纸对乔治大加赞赏：那位新加入进来的球员，无疑是一个霹雳球手，全队的人受到他的影响都充满了活力，他们不但赢了这场比赛，这也是本赛季最精彩的一场比赛。

由于对工作和球队的热忱，乔治的薪水由刚入队的500美元提高到约4000美元。在以后的几年里，凭着这一股热情，乔治的薪水又增加了约50倍。后来由于腿部受伤，乔治离开了心爱的棒球队，到一家著名的人寿保险公司当保险助理，但整整一年都没有业绩。乔治又迸发了像当年打棒球一样的工作热忱。很快就成了人寿保险界的推销明星。后来他一直从事这份工作，取得了非常优异的成绩。

乔治在回顾他的职业生涯时，深有感触地说："我从事推销30年了，见过许多人，由于对工作保持着热忱，他们的收效成倍地增加；我也见过另一些人，由于缺乏热忱而走投无路。我深信热忱的态度是成功推销的最重要因素。"

得过且过，满足于现状的人，永远只会活在自我的窄小圈子中，看不到希望的曙光，很难有出头之日。对于成功的人来说，他们都有着远大的目标，有着前进的动力，有着不断挑战自我的决心。他们不畏惧困难，不得过且过，没有混日子的心态，这既是一种责任意识，也是一种生活态度，所以成功不属于他们属于谁呢？他们不会因为一时的成功而洋洋自得、不思进取，始终认为"下一刻的自己才是最好的"，从而激发自己不断地追求更高的目标，直达最终的成功。

你那么宠自己，怎么长大

人们总是说“想要有所作为，就要对自己狠一点”，可是遇到问题的时候又有多少人对自己狠得下心呢？不用说什么成就一番伟业，就算是生活中戒烟戒酒、减肥瘦身这样的小事，很多人都无法对自己“狠一点”，总是说“以后我肯定不再这样了，这是最后一次”，可是总是这样宠着自己，我们该如何面对人生的风风雨雨呢？

知名作家刘墉曾在他的书中这样写道：

文学大师梁实秋先生在世的时候，我有一天跟他同桌用餐。

冷盘端上来，梁先生说他有糖尿病，不能吃带甜味的熏鱼；冰糖肘子端上来，他又说不能碰，因为里面加了冰糖；什锦炒饭端上来，他仍说不能吃，因为淀粉会转化成糖。

最后，端上“八宝饭”，我猜他一定不会碰了，没想到梁先生居然大笑道：“这个我要。”朋友提醒他：“里面有糖！”

梁先生则笑说他早知道，就因为早知道有自己最爱吃的“八宝饭”，所以前面特别节制。“我前面不吃，是为了后面吃啊！因为我血糖高，得忌口，所以必须计划着，把那‘配额’留给最爱。”

转眼三十多年过去了，但我常想起梁实秋先生的这段话。我发现许多伟大的人，都因为他们节制自己，集中力量在特定的事物上，才有杰出的成就。

是啊，虽然只是一顿饭的事情，但是我们却能看出梁实秋先生严格律己的品质。如果自己都管不住自己，事事依着自己的性子，那么长时间下来，自己就会严重失去自制力，这种惰性也会对未来造成很大的消极影响。

只要能对自己“狠一点”，做自己该做的事，集中精力，全心全意，毫不懈怠，每个人都能把自己的工作做得很出色。遗憾的是，绝大多数人却总是沉溺在微不足道的“舒适”中，哪怕机会一次又一次从身边溜走。

在困难面前，有的人迷茫了，认为希望就像肥皂泡一样破灭了。但就是这个时候，我们更应该懂得这只是我们人生真正考验的开始。想成功，就要对自己狠点儿。我们应该面对困难坚决不妥协，想尽一切办法去克服它。

人的意志就像是一根弹簧，越是有压力的时候就越能显示出它的存在。这个比喻很贴切，希望我们能够做到像弹簧一样，在压力面前有一股反弹力，经历挫折后变得更加坚强。

狠狠心，坚决改掉那些坏习惯

有位名人曾经说过：“播种行为，收获习惯；播种习惯，收获性格；播种性格，收获命运。”的确，好习惯是走向成功的钥匙，而坏习惯则是通向失败的大门。很多人在人生的道路上没有坚持到胜利，并不是他们没有聪慧的大脑，也不是没有赶上好的时机，而是他们身上的那些坏习惯阻碍了他们的成功之路。

保罗·盖蒂曾连续20年保持美国首富地位。保罗·盖蒂商战谋略高超，在和美国“石油七姐妹”的鏖战中，建立起了自己的石油帝国，被称为“石油怪杰”。

保罗·盖蒂有句名言：“好习惯让人立于不败之地，坏习惯则让人从成功的宝座上跌下来。”有一段时期，保罗·盖蒂抽烟抽得很凶。他在法国度假的时候，有一天晚上，下起了大雨，道路泥泞，十分不好走，他开了几个小时的车，感觉累极了，于是就近找了一家小旅店投宿。吃完晚饭，他回到自己的房间倒头就睡。但是天还没有亮他就醒来了，此时，他很想抽一支烟。他打开灯，在床头找烟，但是没有。他不得不下了床，翻遍了衣服口袋和行李袋，但是连一根烟都没有找到，这让他失望极了。因为他清楚这时旅馆的酒吧和外面的餐厅都没开门，而把不耐烦的门房叫醒，也是不可能的事情。

为了满足自己的烟瘾，保罗·盖蒂决定起床穿好衣服，到6条街之外的火车站去。可是，他忽然想起自己的汽车停在离旅馆还有一段距离的车房里，车房已经关门了，凌晨六点才会开，外面现在还下着雨，这个时间段也不可能叫到出租车。但是，在烟瘾的驱使下，保罗·盖蒂还是下了床，穿好衣服，准备冒雨出去买烟。然而，在他准备伸手拿雨衣的时候，他忽然感到自己的行为实在是太荒唐可笑了。保罗·盖蒂站在那里，反思自己的行为：一个受过教育的知识分子，一个商人，一个自诩有足够智慧对他人下命令的人，居然管不住自己的欲望，为了一根香烟，离开舒适的旅馆，半夜三更冒雨出去。

这时，保罗·盖蒂第一次注意到，自己早已养成了一个不好的习惯，那就是为了一个坏习惯的满足，他可以放弃极大的舒适。他清醒地认识到自己的这个习惯将会对自己影响很大，所以，他很快作出一个决定。他走到桌边，把烟盒扔了出去。然后心情轻松地换上睡衣，回到舒适的床上，心中有种解脱的感觉，甚至还有种胜利的感觉。他满足地关上了灯，伴随着窗外的雨声，睡眠香甜。从那以后，保罗·盖蒂就戒了烟。

其实，我们可以用类似下面的语言来时刻提醒自己：

笨蛋才不能控制吸烟的欲望。

我可以戒烟。

吸烟不利于我的身体健康。

吸烟损害了身边人的健康。

我可以凭意志力戒烟。

我们也可以选择做一些其他的事情代替吸烟，从而转移注意力，这种方法十分有效。

坏习惯是可以改掉的，只要我们对自己狠得下心，不再一味地娇惯自己，努力去改正，那么我们慢慢地就会摆脱坏习惯的控制。人应该支配习惯，而绝不能让习惯支配人，一个人如果不能改掉他的坏习惯，那简直是太失败了。

某种行为在重复做过几次之后，就会变成一种习惯。习惯有好有坏，好习惯虽不能立即带来明显的效益，但会让你一辈子从中受益；坏习惯，却只能令你的成就有限。如果人们沾染到坏习惯不懂得及时改正，那么一旦坏习惯在人们的思想里根深蒂固，人们前进的道路就会受到严重的阻碍。总的来说，做人，应坚持好习惯，摈弃坏习惯。

再坚持一秒，所有的黑暗都会过去

人不可能一直处于不幸中，不管你的生活多么糟糕，一切困难都会过去的。尽管在生活当中，我们每个人都会遇到各种各样的挫折和不幸，有时不仅要承受一种磨难，甚至会同时经历多种磨难，但是让人极度恐惧的噩运也有它的致命弱点，那就是它不会持久。所以说，只要我们坚持与困难斗争，不断地磨炼自已，你身边所有的坎坷都会过去，你内心的所有阴云都会散去。

凯撒大帝是罗马共和国末期杰出的军事统帅和政治家。一次，他的军队在与敌人作战过程中，由于种种原因，损失十分惨重，因此军中士气非常低落。

当天晚上，凯撒大帝因为此事焦虑万分，他苦苦思考失败的原因和将来应对敌人的策略，因此休息得很晚。那晚他却做了一个颇有意味的梦。在梦里，他遇见了一位智慧老人，智慧老人对他的处境十分了解，还对他讲了不少安慰的话，其中最关键的是一句至理名言。这句名言意义深刻，蕴含了人类克服所有困难的智慧。智慧老人告诉他，这句至理名言可以使他战胜任何困难，使他能面对挫折百折不挠，挽救败局，最终走出失败的困境。

得到名言，凯撒大帝十分高兴，可是他醒来之后，怎么也想不起那句至理名言。最后他只好招来所有的谋士，对他们讲述了一遍自己做的梦，希望他们能把那句至理名言想出来。另外，他还拿出自己的佩剑，对众谋士说："你们如果想出那句至理名言，就把它镌刻在我随身携带的这把剑上，我要用它来激励自己，征服整个世界。"

两天以后，几位谋士兴冲冲地给凯撒大帝送来佩剑，这时凯撒大帝看到，剑身已经刻上了一句勉励人战胜失败、走出逆境的至理名言："一切都会过去！"

"一切都会过去"——这句话蕴含了人类所有的智慧。在成功时，它提醒我们莫要骄傲；在失败时，它提醒我们困境总会结束。幸福总会过去，因此请珍惜吧；苦闷总会过去，因此不必绝望。

一切都会过去的，人生是一个过程，而不是一个停留的状态，人生是不断前进的方向，不是一个停滞的终点。用平常心去生活，这才是人生的智慧。不管事情是好是坏，没有永恒不变的，相信一切都会过去的，只要我们足够努力。

威尔玛·鲁道夫是个早产儿，在22个手足中排行第20。小时候，她患了肺炎及猩红热。4岁时，她又得了小儿麻痹症，左脚因此萎缩。医生以为她一辈子都无法行走了，但她的家人却不愿放弃，他们每天轮流为她的腿按摩好几个小时。终于，在“铁鞋”——一种治疗工具的协助下，她慢慢迈开了步伐。

11岁时，她终于可以不再使用她痛恨的铁鞋了。她把铁鞋扔得远远的，威尔玛终于得到了自由。

威尔玛热爱跑步，有时会逃课到附近的体育场上去跑步。跑得兴起，甚至会跑上一整天。不到一年，她就开始向附近的男孩子挑战，十之八九都占了上风。15岁时，她扔掉铁鞋四年之后，她应邀与著名的田纳西州立大学女子田径队一起受训。16岁时，她获得参加1956年奥运会的机会，不过只获得了铜牌。接着，她得到田纳西州立大学的体育奖学金，同时受到艾德·谭波的培训。谭波是该校1960年奥运队的教练，威尔玛在队中成为超级明星。正式比赛的前一天，她严重扭伤足踝，但是仍然获得100米及200米两项金牌，后来又在400米获得第三枚金牌。

生命不止，希望就不息。人生没有过不去的坎儿，心中充满希望，就能以坦然的心情看待挫折和打击，就能在困难中看到光明，在逆境中找到出路。当你困惑时，当你身处逆境时，要不停地跟自己说：心存希望，现在的不幸终会过去。心存希望，我们心中的彼岸就能到达。

总之，人总是在遭遇一次重创之后，才会幡然醒悟，重新认识到自己的坚强和坚韧。所以，无论你正在遭遇什么磨难，都不要一味抱怨上苍是多么不公平，甚至从此一蹶不振。人生没有过不去的坎，只有过不去的人。

不断打磨自己，实现蜕变

泰戈尔曾说：“只有经历地狱般的磨炼，才能练出创造天堂的力量；只有带血的手指，才能弹出世间的绝唱。”成功需要磨炼，不经历生活的磨炼，一个人是很难有所作为的。所谓“玉不琢不成器”说的就是这个道理。如果人生的道路布满了荆棘，那正是磨炼坚强意志的好时候。我们要抓住机会，战胜前进道路上的种种困难，成为生活的强者。

居里夫人从小就显示出别的孩子所没有的坚强意志，她面对困难时从不会畏惧，而且不达目的决不罢休。居里夫人在法国上学时，租住的小房子里没有电灯，没有水，没有暖气。为了取暖，她只能到图书馆去看书，回到住处后，她把冬天的衣服都穿上睡觉还冻得发抖。她常常没有钱吃饭，一连几十天只吃面包。就是在这样的环境里，居里夫人坚持学习了4年，并获得了物理和数学双硕士学位。

那一年，她与法国物理学家比埃尔·居里结婚后，开始相互扶持，共同向着科学高峰进军。那时，这对夫妇的日子仍然过得十分拮据，为了找到一种能透过不透明物体的射线，他们借了一个废弃的木棚作为实验室，里面既潮湿又黑暗，一到下雨天，外面下大雨里面下小雨。为了减少花费，他们步行很远去买价格便宜的沥青矿渣。靠着几件简陋的实验设备，居里夫妇开始了繁重的实验工作。一身布满灰尘和油渍的衣服就是居里夫人的工作服。她把矿渣倒进大锅里，用一根比她还高的木棍不停地搅拌，还得经常把20多千克重的容器搬来搬去……实验经历了一次又一次的失败，但居里夫人没有放弃。相反，她整整坚持了4年。经过1440多个日夜的奋战，他们终于提炼出具有极大放射性的镭的化合物——氯化镭。这个成果轰动了全世界。1903年，居里夫妇共同获得了诺贝尔物理学奖。

1906年4月19日，对居里夫人来说是一个让她永生难忘的日子。就在他们夫妇的工作、生活条件有所改善时，比埃尔·居里却突然死于一场车祸。居里夫人在这个世界上从此失去了亲爱的丈夫和最好的导师。她尽管悲痛至极但没有消沉，而是把悲痛化作了力量继续进行物理研究。1910年，居里夫人终于提炼出一克纯镭，她将这一克镭捐献给法国。1911年，居里夫人第二次获得诺贝尔物理学奖。

就这样，居里夫人以坚强的意志，克服了许多让常人难以想象的困难，坚持物理研究几十年，终于发现了放射性元素镭和钋，成为世界最伟大的科学家之一。生活的困难并没有打垮居里夫人，而是让她在磨炼中越发勇敢。多一分磨砺，就多一分强大，居里夫人就是一位在困境中成功的典范，也是我们每一个人学习的楷模。既不要怕困难，也不要怕吃苦，时刻牢记：吃得苦中苦，方为人上人。

一位年轻人毕业后被分配到一个海上油田钻井队。在海上工作的第一天，领班要求他在限定的时间内登上几十米高的钻井架，把一个包装好的漂亮盒子送到最顶层的主管手里。年轻人拿着盒子快步登上高高的狭窄舷梯。当他气喘吁吁、满头是汗地爬上顶层，把盒子交给主管时，主管只在上面签上自己的名字，就让他送回去。他又快速跑下舷梯，把盒子交给领班，领班也同样在上面签上了自己的名字，让他再送给主管。

他看了看领班，犹豫了一下，又转身爬上舷梯。当他第二次登上顶层把盒子交给主管时，已浑身是汗，两腿发颤，主管却和上次一样，在盒子上签上名字，让他把盒子再送回去。他擦擦脸上的汗水，转身走向舷梯，把盒子送下来，领班签完字，让他再送上去。

这时他有些愤怒了，他看看领班平静的脸，尽力忍着不发作，又拿起盒子艰难地一个台阶一个台阶地往上爬。当他爬到最顶层时，浑身上下都湿透了，他第三次把盒子递给主管，主管盯着他，傲慢地说："把盒子打开。"他撕开外面的包装纸，打开盒子，里面是两个玻璃罐，一罐咖啡，一罐咖啡伴侣。他愤怒地抬起头，双眼喷着怒火，看向主管。

主管又对他说："把咖啡冲上。"年轻人再也无法忍受了，"叭"地一下把盒子扔在地上，说："我不干了！"说完，他看着地上的盒子，感到心里痛快了许多，刚才的愤怒全释放了出来。

这时，这位傲慢的主管站起身来，直视他说："刚才让你做的这些，叫作极限承受训练，因为我们在海上作业，随时会遇到危险，这就要求队员一定要有极强的承受力，只有承受了各种危险的考验，才能完成海上作业任务。前面3次你都通过了，可惜，只差最后一点点，你没有喝到自己冲的甜咖啡。现在，你可以走了。”

年轻人懊悔地离开了，但是他却从这件事上吸取了教训，立志一定要做一番事业。经过几年的艰苦拼搏后，他成了一名油田钻井队的队长。

伟大的思想家孟子曾说：“天将降大任于是人也，必先苦其心志，劳其筋骨，饿其体肤，空乏其身。”一个人要想有所作为，一定要经历一番艰苦磨炼，磨炼自己需要耐得住寂寞和孤独。所以，我们在人生中，要用积极的心态去经受磨炼，因为你是冠军。对于希望成为成功者的人来说，任何逆境，都会造就一粒能克服任何困难的种子。

战胜自己，就战胜了一切

罗曼·罗兰曾说：“最强的对手，不一定是别人，而可能是我们自己；在征服世界之前，先得战胜自己。”在生活中，有些人成就不大，不在于智力不够，而在于没有克服自己心理上的弱点；只有不断向自己挑战，认真对待自己的心理障碍，才能取得更大的成功。人最大的对手就是自己，病痛是自己的对手，烦恼也是自己的对手。病痛是对手，就要治疗它；烦恼是对手，也要面对它，更要“转烦恼为菩提”；自己也是对手，更要“战胜自己，征服自己”。

一个人想要征服世界，首先要战胜自己，让自己能够全身心地积极健康地投入有意义的事业，而不应为所遭遇的不利因素所控制。其实，几乎每个人都曾受到过自卑心理的影响和折磨，面对自卑，我们采取的态度往往决定了我们人生未来的成就。如果你在自卑面前退缩，它就会将你彻底击败，摧毁你的人生；可是如果你挺直腰板敢于与其对抗，那么你将会迎来一个充满阳光的美好人生。

人生中最大的敌人就是自己，许多困难的产生都源自自己的内心。当一个人明白所有的困难和障碍全部是自己制造的时，他才会真正地去克服它、战胜它，因为他找到了根源。

| 第 03 章 |

发自内心地努力，才能谱写不一样的人生新篇章

对于梦想，如果有人问你“你付出了多少努力？”你是否敢说自己已经“全力以赴”？其实，你生活中所付出的努力都不会白费，它会以各种形式回报于你，所有的努力都会开出美丽的花，所以我们要懂得尽心尽力地对待自己的人生。一个努力生活的人是一个认真的人，你的认真会让你散发更大的魅力；一个努力生活的人是一个敢于改变自己的人，你的改变会让你更加出彩；一个努力生活的人是一个不轻易言弃的人，你的坚持会为你呈现不一样的天地……激发你的潜能，让一切不可能都变成可能，让一切努力都绚烂地绽放吧！

唯有改变，才能让自己更优秀

有个关于猫头鹰的故事，讲述了一只猫头鹰搬家的悲剧：

一只猫头鹰总是搬家，却没有一次能稳定地居住下来。这天，住在树林西边的它又要搬到东边去了。原因是它周围的动物都讨厌它难听的声音，拒绝与它交往，它感到住不下去了，非搬家不可。

直言的鸠鸟看它奔波劳累，就告诉它："假如你能改变自己的叫声，搬到东边去当然可以，但如果还是老样子，新邻居们仍然会讨厌你的声音。"

不去挖掘事情最本质的原因，只是一味地搬家，那就等于白费功夫，只可惜猫头鹰一直不懂得这个道理。其实，生活中这样的事情也很多。许多人不懂得去正视自己，审视自己的缺点，到头来只能碰一鼻子灰。

我们需要改变，我们不仅要把自己的缺陷弥补好，还要把自己变得更加优秀，在自己的一生中创造更多的不可能。有一颗敢于改变自己的心，你才能不怕前方的荆棘，才有不断前进的勇气，才有改变环境的魄力。

有位影评家曾这样评价查里斯："好莱坞向这个年轻人敞

开大门，倘非绝后，那肯定也是空前的！”

查里斯出生时，大夫告诉他的母亲：“趁现在还来得及，最好送他到福利院去。”查里斯没去那儿，但家里却为此吃足了苦头。快3岁时，他才会摇摇晃晃地走第一步，整整一个冬天，他的两个姐姐带他坐在一面大镜子前，抓着他的手点着自己的鼻子，问他：“这是什么？”他却回答：“嘴巴。”更糟的是，包括他父母亲在内，很少有人能听懂他说的话。4岁那年，他被送往“肯尼迪儿童中心”学习。在那儿，他终于有了很大的进步。一天，他捧回一个刻着“Cheerios”字样的盒子给母亲，高兴地说：“看，上面有我的名字！”虽然他的名字为Cheers，但母亲还是高兴得流下了眼泪。

一天下午，8岁的他翻出一本旧的相册，里面有他的两个姐姐幼年时在电视广告中的剧照。他一下被迷住了，痴痴地一再嚷嚷道：“我要，我也要上电视。”他的父亲忧心忡忡地说：“我实在看不出有这种可能性。”

查里斯却从没忘记他的梦。一有空，他便一遍遍地看录像带练习唱歌和跳舞。4年后，机会终于来了。他在学校的圣诞晚会上扮演一个牧羊人，唯一的一句台词是：“嗨，真逗！”为这句话，他反复练习了两个多星期，连在梦中也念叨不已。

演出的那天，观众席上的一位来宾听说了这件事，这位来宾是一位好莱坞制片人。又过了10年，当这位制片人准备推出一部肥皂剧的时候，发现还少个跑龙套的角色。他抓起电话：“嗨，小伙子，对好莱坞还有兴趣吗？”千里之外，查里斯热情洋溢的声音顿时打消了他的疑虑。“好莱坞？太棒了！要知道我没有一天不想它呢！”

原来，当年的来宾竟是一位好莱坞制片人。10年过去了，他依然对查尔斯仅有一句台词的表演印象深刻。就这样，22岁那年，查里斯第一次来到了好莱坞，和那些大明星在一起，他感到无比高兴和激动，说话也变得流畅自然了。

电视剧原定于1987年9月播出，然而电视台拒绝购买播映权。查里斯的梦幻破灭了。

他又回到了原先工作过的单位。到1988年，他已有了令人羡慕的固定薪水。他的家人和一些朋友都为之欣慰，他们一再对他说：“你必须忘掉那些关于好莱坞的陈词滥调，那扇门不会向你打开的！”

但查里斯深信，门会开的。

好莱坞也没忘记他。不少人都说：“让这个迷人的小伙子离开银幕太可惜了，何不再安排一次机会让他碰碰运气呢？”于是，一个编剧专为他写了一部家庭伦理片。剧中的儿子像查里斯一样，患有先天性残疾，父子两人相濡以沫，共度艰难人生。正式开拍那天，查里斯站在摄影机前，泪流满面。他想起了自己坎坷不平的人生道路，想起了父母过早花白的头发，想起了无数帮助过自己的认识的和不认识的朋友，更想起了那些在疯人院中孤苦无助的同龄人。他泣不成声地对“父亲”道：“天真黑！爸爸，拉我一把。你的手会给我温暖和勇气。让我们手拉手，共同走完这条人生路上泥泞的、短暂的隧道……”

查里斯成功了。所有的评论都说："这部影片可能不是最出色的，但肯定是最感人的。"一夜间，查里斯成了人们的偶像。信件铺天盖地般涌来，一个中学生来信说："我今年17岁，和你一样，我也患有严重的残疾。你是我心中的英雄。是你，改变了我的生活。"

"我不是英雄。"查里斯告诉他，"我只是努力去改变自己。只要你敢于尝试，也许，生活会因此一天天地变得更美好了。"

只要你敢想、敢做、敢改变，那么你就是一个成功者。托尔斯泰曾说："世界上只有两种人，一种是观望者，另一种是行动者。大多数人都想改变这个世界，但没有人想改变自己。"是啊，从此刻开始，行动起来吧，让我们不断迸发前进的力量，把我们的明天变得更加美好。

认真工作的人最有魅力

纵观古今中外，无论大事小事，要想做得成，莫不需要认真二字。一个孩子要想学习好，离不开认真二字；一位员工要想有出息，离不开认真二字；一个老板要想经营好公司，离不开认真二字；一个家庭要想好好维系，离不开认真二字……是啊，认真是一种生活态度，如果处事毛毛躁躁，不认真对待，那么什么事情你也做不好。认真的人们是真实的，他们把工作视为值得用生命去做的事情。他们以认真为信仰，认真做事，认真做人，他们也因此得到充实的人生。

说到认真，不禁让人想起一个人，一个一生都认认真真的人，他就是著名的文学翻译家、艺术评论家傅雷。

傅雷一生致力于外国文学作品的翻译尤其是法国文学，先后翻译了伏尔泰、巴尔扎克、罗曼·罗兰等人的33部作品。他还写了不少文艺和社会评论作品。他写给儿子的家书集出版后受到了广大读者的喜爱。傅雷为人的一个突出特点就是“认真”。《高老头》这部巴尔扎克的著名作品，他在抗战时期就已译出，1952年他又重译一遍，1963年又第三次修改。他翻译罗曼·罗兰的《约翰·克利斯朵夫》，从1936年到1939年，花了整整3年时间。20世纪50年代初，他又把这上百万字的名著的译稿推倒重译，而当时他正肺病复发体力不支。他这样做，就是要精益求精，把最好的译作奉献给读者。

对生活中的其他方面，傅雷也是十分严谨和认真。在他宽大的写字台上，烟灰缸总是放在右前方，而砚台则放在左前方，中间放着印有“疾风迅雨楼”的稿纸，左边是外文原著，右边是外文词典。这种井然有序的布局，多少年都没有变过。他家的热水瓶，把手一律朝右。水倒光了，空瓶放到排尾，灌开水时，从排尾灌起。他家的日历，每天由保姆撕去一张。一天，他的夫人顺手撕下一张，他看见后，赶紧用糨糊把撕下的那张贴上。他说：“等会儿保姆再来撕一张，日期就不对了。”他自己洗印照片，自备天平，自配显影剂和定影剂。称药时严格按配方标准，尽管稍多稍少无伤大局，他还是一丝不苟。有一次，儿子傅聪从国外来信，信中“松”“高”“聪”等字写得不够规范，他便专门写信给儿子，逐一进行纠正。

傅雷对家庭的态度，对生活的态度和对工作的态度，何止是“认真”二字能表达的，简直是“精益求精”啊！这是一种高度的责任感，表达出了对生命的一种热忱、敬重。不管是翻译文学巨著，还是点滴生活小事，他都尽力去做到最好，他的踏实做人、认真做事的态度始终是值得人们学习的精神。

没有做不好的事情，只有做事不认真的人。生活中我们总是埋怨外界的这不好、那不好，可是我们是否问过自己：“我尽力而为了吗？”许多时候，失败并不是因为我们没有做好某件事情的能力，而是因为我们漫不经心地处理、打发掉了一些自认为不重要的工作或事情。正是这种小小的不负责、不认真的行为，可能会为我们的将来埋下“定时炸弹”。

文小溪和范茵茵同是某公司公关处的职员，她们工作难度不大，每天就是负责接待客户。平日里两个人一起上班，而且年纪也差不多大，相处起来一直比较融洽。

时间渐渐过去了，转眼文小溪和范茵茵两个人已经在公关处工作两年多了，公关处的主管因工作调动离开了公司，范茵茵被任命为新任主管。听到这个消息，文小溪心里特别不是滋味，她找到领导，开门见山地说：“我和范茵茵是一起进公司的，从事的是同样的工作，为什么这次提拔的是范茵茵而不是我呢？这对我也太不公平了！”领导听完文小溪的话，心平气和地说："你和范茵茵虽然工作任务一样，但是完成工作的质量却不一样，这样吧，正好下午有个客户要来公司，我派范茵茵负责接待工作，你在旁边观摩一下范茵茵是如何工作的。"

文小溪带着满腹委屈和领导一起来到公司的接待办公室，只见范茵茵正在打电话："您好，是餐厅的李师傅吗？李师傅您好，下午公司要来一个客户，晚餐安排在公司食堂的小包间里，麻烦您在六点之前把一切都打点好，我们这位客户口味比较清淡，希望饭菜不要太腻、太咸、太辣……"听到这里，文小溪感觉到很意外，范茵茵怎么会知道客户这么多的信息呢？

原来，范茵茵一直有个习惯，她会利用休息时间做工作日记，把接待过的客户的主要信息都记录下来。今天来的这位客户，恰好是一年前范茵茵接待过的，所以，范茵茵可以提前提醒其他部门的同事，配合她一起做好接待工作。

看着沉默不语的文小溪，领导笑着说："你们的工作任务不难，但是并不是所有的人都能做到最好，范茵茵的工作态度只有两个字能形容，那就是认真。"

态度决定一切，小事与大事没有本质的区别，同一件事情，如果你认为重要就是大事，如果你认为不重要就是小事。如果一个人对待一件小事的态度也和大事一样一丝不苟，那么即便是做一件小事，你也能做得更加出色，呈现出自己超于他人的能力。人生没有那么多大事需要你崭露头角，成就一番大业，每一件大事都是无数件小事堆积而成的，只要你认认真真做好每一件事，势必会成就美好的人生。

激发你的潜能，去过完全不一样的人生

安东尼·罗宾在《潜能成功学》一书中说："人的潜能犹如一座待开发的金矿，蕴藏量无穷，价值无比，而我们每个人都有一座潜能金矿。"有的时候，可能你会觉得自己很普通，但实际上，再普通的人也有巨大的潜能。你感觉不到你的潜能，是因为你在意识中认定了自己是个普通人。假如你在心里一直告诉自己是一个懦弱的、胆怯的、无知的、目光短浅的人，那么你就会严重限制自己的发展，你也无法超越自己、看到一个更有前途的自己。

腔棘鱼又称"空棘鱼"，由于脊柱中空而得名，是目前世界上罕见的鱼类，由于科学家在白垩纪之后的地层中找不到它的踪迹，因此认为这个物种已经告别了世间，全部灭绝了。1938年在南非，科学家却发现了一条腔棘鱼，这个史前鱼种还活着！在距今4亿年前的泥盆纪时代，腔棘鱼的祖先凭借强壮的鳍，爬上了陆地。经过一段时间的挣扎，其中的一支越来越适应陆地生活，成为真正的四足动物；而另一支在陆地上屡受挫折，又重新返回大海，并在海洋中寻找到一个安静的角落，与陆地彻底告别了。

这个安静的角落就是1万多米深的海底。众所周知，人类入海比登天还要难。首先是巨大的压力，水深每增加10米，压力就要增加1个大气压。在1万多米深的海底，压力将高达1000个大气压，别说人的血肉之躯，就是普通的钢铁构件也会被压

得粉碎。其次是海底的恶劣环境。太阳光进入海中很快被吸收，水深10米处的光能只有海洋表面的18%，100米深处则只有1%了。光线稀少，热量自然难留，水下的寒冷、黑暗可想而知。然而，腔棘鱼却生活在非常深的海底，并把自己隐藏在海底礁石的洞穴里。在恶劣的海底世界里，它们以生存为目标，不断给自己施加压力，学会与压力共处，在自己的历史空间里痛并快乐地生存着，超乎想象地存在了4亿年！

科学家研究发现，人类的潜能平均开发程度只有10%。可见，人类还有很大的潜力没有得到有效的利用，一旦这些潜能得到开发，人类所能爆发的能力一定是惊人的。

现实生活中，很多人都具备优于其他人的潜能，但是，这些人却不会挖掘自己的潜能，导致许多人终其一生都没将潜能发挥出来，平庸度日。面对问题，请你不要说“不可能”“这是无法完成的”“我没有这个能力去做”……为何不逼自己一把呢？如果你抛却那些消极的思想，专心致志地去思考问题，相信你一定能做到，因为你的潜能远远超乎你的想象。

美国哈佛大学的罗森塔尔博士曾在加州的一所小学做过一个著名的实验。

新学年开始时，罗森塔尔博士让校长把三位教师叫进办公室，对他们说：“根据你们过去的教学表现，我发现你们有着非常优秀的潜质，在教育领域你们会有作为的。因此，我和你们的校长特意挑选了100名全校最聪明的学生组成三个班让你们来教。这些学生的智商比其他孩子都高，希望你们能让他们取得更好的成绩。”

三位老师都高兴地表示自己一定尽力。校长又叮嘱他们，对待这些孩子要像平常一样，不要让孩子或孩子的家长知道他们是被特意挑选出来的，老师们都答应了。

一年之后，这三个班的学生成绩果然排在整个学区的前列。这时，校长告诉了老师们真相，这些学生并不是刻意选出来的最优秀的学生，只不过是随机抽调的普通学生。

老师们没想到会是这样，都认为自己的教学水平确实高。这时，校长又告诉了他们另一个真相，那就是，他们也不是被特意挑选出的全校最优秀的教师，只不过是随机抽调的普通老师。

这个结果正是博士所料到的，这三位教师在潜意识里都已经认为自己是最优秀的，并且学生也都是高智商的。这种潜意识激发了他们心中巨大的能量。从他们开始接受罗森塔尔博士和校长的任务的时候，成功的种子就已经埋在了他们的心中。

成功的人在潜意识里就相信自己能够成功，他们善于唤醒自己的潜能，把自己的能力发挥到最大，因此他们会爆发出比一般人更多的能量。所以说，不要不敢于尝试，给自己一个机会，相信自己一定可以做得更好。

朋友们，请不要让你的潜能沉睡下去了，你明明可以成为一个更为优秀的自己，何不尝试一下呢？如果你甘心这样让自己的潜能沉睡，那么你终究只是一个平庸的人。如果1分钱和20元同时被扔进大海中，它们的价值就毫无区别。只有当你将它们捞起来，并按照正确的方式使用时，它们才会各自显现价值。根据研究，即使世界上记忆力最好的人，其大脑的使用也没有达到其功能的1%，人类的知识与智慧，迄今仍是“低度开发”。人的大脑是个无尽的宝藏，只要我们努力去挖掘，努力运用潜意识的力量，成功会比我们想象得更快、更轻松。

再给自己一点时间，终会迎来曙光

成功的秘诀在于执着，成功偏爱执着的追求者。世界上许多名人的成功都来自持之以恒的努力，只有这样，你才会渐渐接近成功。稍有困难便更改航向或经不起外界的诱惑，恐怕会永远远离成功。只要坚持下去，相信柳暗花明的日子终有一日会到来。

古代有一位任公子，胸怀大志，为人宽厚潇洒。任公子做了一个硕大的钓鱼钩，用很粗很结实的黑绳子把鱼钩系牢，然后用五十头阉过的肥牛做鱼饵，挂在鱼钩上去钓鱼。

任公子蹲在高高的会稽山上，他把钓钩甩进阔大的东海里。一天一天过去了，没见什么动静。任公子一点儿也不急躁，一心只等大鱼上钩。一个月过去了，又一个月也过去了，毫无成效。但任公子依然不慌不忙，十分耐心地守候着大鱼上钩。一年过去了，任公子仍没有钓到一条鱼，可他还是毫不气馁地蹲在会稽山上，任凭风吹雨打。

又过了一段时间，突然有一天，一条大鱼游了过来，一口吞下了钓饵。这条大鱼咬住大钩，疼得狂蹦乱跳，一会儿钻出水面，一会儿沉入水底，只见海面上掀起了一阵阵巨浪，如同白色山峰，海水摇撼震荡，啸声如排山倒海。大鱼发出的惨叫如鬼哭狼嚎，那巨大的威势让千里之外的人听了都心惊肉跳、惶恐不安。

任公子最后终于征服了这条筋疲力尽的大鱼，他将这条鱼剖开，切成块，然后晒成咸肉干。任公子把这些肉干分给大家享用，从浙江以东到苍梧以北的人，全都品尝过任公子用这条大鱼制作的鱼干。

许多年以后，一些既没本事又爱道听途说、评头论足的人都以惊奇的口气互相传说着这件事情，似乎还表示怀疑。因为这些眼光短浅、只会按常规做事的人，只知道拿普通的鱼竿，到一些小水沟或河塘去，眼睛盯着鲵、鲋一类的小鱼，他们要想像任公子那样钓到大鱼，当然是不可能的。

任公子志向远大，一心想着钓大鱼，全然不顾钓小鱼的诱惑，一心一意地朝着既定的目标努力，经过一年的漫长等待，功夫不负有心人，任公子终于钓到他梦寐以求的大鱼。

如果中途放弃，或被一系列的消极心理打败，想必任公子永远无法钓到大鱼。从这则寓言中我们读到了很多，梦想、目标、诱惑、信念、坚毅……这些成功的因素都离不开他那颗坚持到底、决不放弃的心。长远的目标需要长期的耐心，希望我们每一位朋友都能学习任公子的这种精神。

沃尔特·迪士尼在上学的时候，就对绘画和描写冒险生涯的小说特别地入迷，他很快就读完了马克·吐温的《汤姆·索亚历险记》等探险小说。一次，老师布置了绘画作业，小迪士尼就充分地发挥了自己的想象力，把一盆的花朵都画成了人脸，把叶子画成人手，并且每朵花都以不同的表情来表现自己的个性。按说这对孩子来说应该是一件非常值得肯定的事，然而，无知的老师根本就不理解孩子心中的那个美妙的世界，竟然认为小迪士尼这是胡闹，说："花儿就是花儿，怎么会有人形？不会画画，就不要乱画了！"并当众把他的作品撕得粉碎。小迪士尼辩解说："在我的心里，这些花儿确实是有生命的啊，有时我能听到风中的花朵在向我问好。"老师感到非常气愤，就把小迪士尼拎到讲台上，狠狠地打了一顿，并告诫他："以后再乱画，比这打得还要狠。"

值得庆幸的是，老师的这顿打并没有改变他"乱画的毛病"，小迪士尼一直在努力地追求着成为一个漫画家的梦想。

第一次世界大战美国参战后，迪士尼不顾父母的反对，报名当了一名志愿兵，在军中做了一名汽车驾驶员。闲暇的时候，他就创作一些漫画作品寄给国内的一些幽默杂志，他的作品无一例外地被退了回来，理由就是作品太平庸，作者缺乏才气和灵性。

战争结束后，迪士尼拒绝了父亲要他到自己持有股份的冷冻厂工作的要求，他要去实现他童年时就立誓实现的画家梦。他来到了堪萨斯市，拿着自己的作品四处求职，经过一次又一次的碰壁之后，终于在一家广告公司找到了一份工作。可是，他只干了一个月就被辞退了，理由仍是缺乏绘画能力。

1923年10月，迪士尼终于和哥哥罗伊在好莱坞的一家房地产公司后院的一个废弃的仓库里，正式成立了属于自己的兄弟公司，不久，公司就更名为“沃尔特·迪士尼公司”。

虽然历尽坎坷，但他创造的米老鼠和唐老鸭几年后便享誉全世界，并为他获得了27项奥斯卡金像奖，使他成为世界上获得该奖最多的人。他死后，《纽约时报》刊登的讣告这样写道：

“沃尔特·迪士尼开始时几乎一无所有，仅有的就是一点绘画才能，与所有人的想象不相吻合的天赋想象力，以及百折不挠一定要成功的决心，最后他成了好莱坞最优秀的创业者和全世界最成功的漫画大师……”

历尽挫折和磨难的人，自然是生命的强者。挫折不一定百分之百成就一个人，但一个成功的人一定是历经了各种磨难，最终坚持到底的人。沃尔特·迪士尼就是这样的一个人。

不坚持，再好的计划也变不成实际效果；不坚持，再好的方案也没办法让你胜出；不坚持，再好的选择也走不出光明；不坚持，再好的工作也创造不出未来。现在，你还想放弃吗？你还想半途而废吗？朋友们，不要轻言放弃，身体和灵魂一定要在路上前行。

还没到最后，就不能说放弃

我们每个人都要坚信：只要不放弃自己，一切皆有可能。同样面对困难，不同的人有着不同的心态，这就是为何有人成功而有人失败。朋友们，如果你都放弃自己，那么你还指望谁能解救你呢？人生的道路上有很多精彩需要我们去发现，如果在一次小小的磨炼中就放弃了自己前进的信念，那么你的人生价值会是如何呢？

有一位年轻人，他从小的梦想就是做一名出色的赛车手，后来，他发现做一名赛车手非常困难，必须具备一定的实力与经济基础。可是，他并没有被现实打败，没有放弃自己的梦想，他选择了一份工作——在一家农场开车。

业余时间，他常报名参加一些赛车队的技能训练，如果有车赛，他一定会想方设法去参赛。然而，由于技术欠佳，他没能取得好名次，不仅没有收入，反而欠下了一笔数目不小的参赛费。虽然现实如此窘迫，但他依然不放弃自己的理想与信念，依旧勤奋地坚持练车。

有一次，他参加了一场对他来说非常重要的赛事。当赛程进行到一半时，他的赛车已经位列第三了，这样看来，他是极有可能冲刺到好名次的，这可能会成为他人生的转折点。

但是，跑在他前面的两辆赛车突然撞到了一起。于是，年轻人迅速转动方向盘，由于之前的车速太快了，他还是撞到车道旁的墙壁上去了。

当年轻人被救出来时，他全身的烧伤面积达40%，其中手和鼻子伤得最为严重。医生整整做了7个小时的手术，才把他救活，在这次事故中，尽管他保住了命，但手却萎缩了。医生向他宣告："以后，你再也不能开车了。"

这对赛车手而言，无异于是晴天霹雳，但是，年轻人却并没有因此而绝望，他依旧坚持着自己心中的梦想。他做了植皮手术，为了能恢复手指的灵活性，年轻人每天都用残缺的手不停地抓木条，虽然疼得大汗淋漓，但依旧不放弃。

做完手术后，年轻人又回到了农场，开推土机让他的手磨出了老茧，同时，他还继续练习着赛车。9个月之后，他又参加了一场赛车比赛，但没能取得好成绩，因为他的车在中途意外熄火了。随后不久，他又参加了一场赛事，并获得了第二名。

两个月后，年轻人重返上次发生事故的那个赛场，经过一番激烈争夺，他最终获得了250英里比赛的冠军。那一刻，他禁不住流下了眼泪。

这位年轻人就是美国颇具传奇色彩的赛车手——吉米·哈里波斯。

在生活困难的时候，吉米·哈里波斯没有放弃自己，在出车祸导致无法开车的情况下，他也没有放弃自己，似乎他的生命里压根就没有"放弃"这个词语。如果放弃了，那么一切梦想将会变成泡沫；如果放弃了，一个人的生活也就开始了下坡之路。吉米·哈里波斯用自己的赛车梦诠释了什么叫作"永不放弃”。

乔布斯在叙述自己经历的时候，曾经说过这样一段话：“在30岁的时候，我被踢出了局。在头几个月，我真不知道要做些什么。我成了人人皆知的失败者，也让与我一同创业的人很沮丧，我甚至想过逃离硅谷。但曙光渐渐出现，我发现自己还是喜欢曾经做过的那些事情。虽然被抛弃了，但热忱不改。所以我决定，重新开始！”是的，一切都会过去的，我们没有理由放弃自己，如果放弃了自己，那么没有任何人可以解救你！只要肯努力，万事皆可重新开始！

| 第 04 章 |

勇敢向前，追求梦想的人生容不得半点内耗

一个人如果没有梦想，那么他生存的意义是什么呢？即便梦想是遥远的，即便实现梦想的道路是艰难的，你也一定要有自己的梦想，因为谁也无法预知前方是什么样子，说不定有一天梦想实现了呢！假如浑浑噩噩地得过且过，那实在令人叹息！如果梦想在彼岸招手，那么坚定的信念就是抵达彼岸的桥梁，而且走过桥梁也需要一步步坚定的步伐。静下心来，听听自己的声音，向着梦想出发吧！

每天进步一点点，每天离梦想近一点

哈佛大学有这样一句名言：“寄希望于积少成多而不是鸿运当头。”毕业于哈佛大学的布隆伯格认为：“要成功，你必须把获得的一点点小进步串到一起，而不是寄希望于中一次头彩。你要努力工作，因为这会增加机会。我和我的公司取得的重大进步都是渐进式的而不是革命式的，是积少成多而不是鸿运当头。”其实，一个人的成功不是像鸿运当头那样简单快速，而是需要每天的不断积累，正所谓“不积跬步无以至千里”，只有每天进步一点点，才能进步一大截。

有个男孩在上小学的时候，有一件事一直弄不明白，他不明白自己的同桌为何很出众，自己总是赶不上他。第一对于那个同桌来说是很简单的，但是为何他想争第一的时候，却总在班里处于二十几名？

回家后他问妈妈：“妈妈，我是不是比别人笨？我觉得我和他一样听老师的话，一样认真地做作业，可是，为什么我总比他落后？”

看到儿子伤心的样子，妈妈的心里也是非常难受的，她知道学校的排名已经对儿子的内心造成了一定的打击，伤害了一个孩子的自尊心。但是当妈妈望着儿子无助的眼神时，妈妈却不知道说什么好了，因为她自己也不知如何答复。

又一次考试后，孩子考了第17名，而他的同桌还是第一名。回家后，儿子又问了同样的问题。她真想说，人的智力确实有区别，考第一的人，脑子就是比一般人的灵。可是，这样的回答无疑会对孩子的积极性造成一定的伤害，对孩子是不公平的。所以她还是什么也没有说。

男孩的妈妈总是在思考，到底要怎么回答自己的孩子，才能既不伤害孩子的内心还能给他向上的动力。有时候，她真的想应付儿子，或者说因为你不够刻苦，或者说因为你不够聪明，或者说你没有学会利用时间……可是这样说自己真的是感觉于心不忍，因为这位妈妈深深地感觉到自己的孩子真的尽力了，像她儿子这样脑袋不够聪明，在班上成绩不甚突出的孩子，平时活得还不够辛苦吗？所以她没有那么做，她想为儿子的问题找到一个完美答案。

转眼间男孩已经小学毕业，升入初中的男孩越发地刻苦努力，但他发现自己仍然考不到第一名，还是没有超过他的那位一直考第一的同桌。可是有一个细节值得骄傲，那就是相比于自己以往的成绩，他一直处于进步的状态。为了对儿子的进步表示赞赏，她带他去看了一次大海。就是在这次旅行中，母亲回答了儿子的问题。

妈妈和儿子手牵着手走在沙滩上，一起感受着海风，听着彼此的心里话。随后妈妈招呼儿子坐下，她指着远方对男孩说："孩子，看到了吧，远处是一些争抢吃食的小鸟，当海浪打来的时候，小灰雀总能迅速地起飞，它们拍打两三下翅膀就升入了天空；而海鸥总显得非常笨拙，它们从沙滩飞入天空总要很长时间，然而，真正能飞越大海横跨大洋的还是它们。"

妈妈的话给了男孩很大的鼓励，他明白了妈妈的意思，再也不为此感到苦恼，后来，男孩终于成为全校第一，而且成功考入了清华大学。

一个人，如果每天都进步一点，哪怕只是1%的进步，慢慢积累也会打造出超凡的能力。每天进步一点点，距离目标就能近一点。或许现在我们离自己设定的目标还很遥远，但只要每天都努力使自己进步一点，那么总有一天，我们会实现目标。相信小男孩的故事会让大家感触颇多，因为生活中很多事情都是这个道理，不管是学习还是自己的事业。

子琳家境比较贫寒，高中还没上完就因为生活所迫走向了社会，被一家知名外企聘为清洁工。看着那些衣着华贵、气质不凡的白领们，子琳很羡慕，她在心里发誓："我要努力缩小与这些人的差距。"因此，只要有时间子琳就开始学习英语，她非常刻苦，每天不停地翻看英文字典，学得很拼命，就连上厕所时也拿着书看。"你在公司就是一个打扫卫生的，还想飞上枝头做凤凰，再学习能有多大出息"，有人嘲笑道，但子琳坚信："没什么困难的，就算一天记十个单词，那一年的词汇量也能达到三千多呢，我一定可以的。"果然，在她的坚持下，她的外语水平与日俱进，能与外国员工进行简单的交流，这让老板刮目相看，便提拔她做了秘书。

做秘书其实也不是一个简单的工作，需要具备各方面的能力，还要帮助老板解决很多冗杂的问题，其实这些对于子琳来说都是比较新鲜的，因为她从没接触过。这要怎么办呢？继续学习吧！除了把工作做得周到细致外，子琳只要有空就认真翻阅公司的各种文件，学习公司的业务。而且，她还报考了一个职业培训班，每个周末都去参加培训，风雨无阻。功夫不负有心人，子琳的专业能力得到了很大的提升。在子琳看来，每天处于进步的状态，哪怕是进步一点点，这都是一件非常有成就感的事情，在随后的工作中，子琳越发努力。后来，又通过几年的认真学习和实践锻炼，她的工作能力越来越突出，成为老板不可或缺的“左右手”。对于自己的成功秘诀，子琳给出的答案是：“没什么，就是每天进步一点。”

“苟日新，日日新，又日新”，当量变达到一定程度的时候就会产生质变，追求梦想的道路不也是这个道理吗？我们不要好高骛远，也不要妄自菲薄，我们应该时刻保持积极向上的心，让自己处于不断进步的状态，那么成功就离我们不远了。正如李大钊所说：“凡事都要脚踏实地去做，不驰于空想，不骛于虚声，而唯以求真的态度作踏实的功夫。以此态度求学，则真理可明，以此态度做事，则功业可就。”坚持每天多学一点，就是进步的开始；坚持每天多想一点，就是成功的开始；坚持每天多做一点，就是卓越的开始；坚持每天进步一点，就是辉煌的开始！

没有梦想，与咸鱼有何区别

梦想有多大，你的人生舞台就有多大。不管有多远，不管多渺茫，人总是要有梦想的，因为没有梦想的人生是灰暗的、了无生趣的。心中有梦想，才会有一直往前走的决心与勇气。周围如狂风暴雨般的阻力，脚下崎岖险恶的路，在梦想面前，也就什么都不是了。总之一句话，梦想还是要有的，万一实现了呢？

20世纪初，有个年轻的美国人，他的人生目标是当美国总统。1910年，他就当选为纽约的参议员；1913年，任海军部助理部长；1920年，他成为民主党副总统候选人。1921年，他在39岁时突染重病，成了一个双腿不能活动的残疾人。但是这个人并没有因此放弃当总统的梦想。

他制订了一个旁人看来十分笨拙的身体康复计划——从练习爬行开始。为了激励自己的意志，每次练爬的时候他都把家人、佣人叫到大厅来看。他说："我不需要掩盖自己的丑态。"他虽然用尽全力爬得汗如雨下，却还赶不上刚会走的小儿子。他的妻子后来回忆说："见他这样就像有千把尖刀刺在我的心上，可是他从来不听劝阻，坚持到底。"将近七年的坚持苦练，终于使他从爬到能够站立起来，虽然仅仅能够站立一小时。1928年他竞选纽约州州长成功，1933年3月4日就任了美国第32任总统，终于实现了他的梦想，并于1936年、1940年、1944年三次连任，成为了一位执政时间长达12年的伟大的美国总统。他实行新政将美国从经济的大萧条中解脱出来，之后又带领美国向法西斯宣战，取得了第二次世界大战的胜利。

1945年4月12日，63岁的他因突发脑溢血而去世于总统任期内。这位美国总统就是富兰克林·罗斯福。目标使他的生命力出现了超乎寻常的奇迹，他的成功就是追求目标的胜利!

有句话相信大家都很熟悉：“梦想是要有的，万一实现了呢？”是啊，没有敢想敢做的魄力，梦想是永远实现不了的。人就应该树立远大理想，保持积极心态，这样才有可能成为一个实现了梦想的人。

朋友们，是否还记得我们小时候的那些梦想？有的人立志当科学家报效祖国，有的人想当医生救死扶伤，有的人想当老师教书育人，有人想从政为人民服务……此刻不知大家是否实现了自己的梦想？梦想不是随口说说那么简单，做任何事情都要预先考虑周全，随时准备应付一切问题。如果我们不用一颗真诚的、奋进的心来正视自己的梦想，那么它也不会轻易地实现。

梦想这张网，需要一步步编织

徐特立曾经说过：“在当前现实的狭隘基础上，有高尚的理想，全面的计划，在一步一步行动上，想到远大前途，脚踏实地地稳步前进，才能有所成就。”其实，再长的路，一步步也能走完，再短的路，不迈开双脚也无法到达终点。我们不必抱怨梦想的遥不可及，只要有一颗脚踏实地不断前进的心，走一步，再走一步，总有一天你会编织出最绚丽的梦想。

小芸在很小的时候看到小姐姐们跳芭蕾舞，看着她们翩翩起舞时迷人的身姿和漂亮的衣服，感觉她们像是一个个天使。于是，有一天她告诉妈妈自己也要学芭蕾舞。妈妈答应了她，她也告诉妈妈不管多累她都会一点一点地努力学习，跳出最美丽的自己。

从此之后，妈妈监督着小芸学习舞蹈，可是事实却比小芸想象中难多了，小芸感到很累，总是练习一会就想休息。每当小芸想停下来休息时，妈妈总是问："你竭尽全力了吗？你如果不认真对待，脚踏实地地去练习，每次都想放弃，那么你的梦想能实现吗？"于是，小芸便咬着牙继续练，直到筋疲力尽无法站立时，才瘫坐在地上休息。

时间一点点过去，小芸的思想好像又懈怠了，枯燥乏味的练习使小芸觉得学芭蕾舞简直是一种痛苦，她开始厌烦练功，打算放弃芭蕾。看到小芸的表现，妈妈把她叫到身边，问道："当初是谁决定学芭蕾舞的？"小芸惭愧地说："是我。"妈妈说："你今天放弃了芭蕾，明天还会放弃别的，你要明白，干任何事情都会遇到无法预料的艰难。如果你决定去做一件事，你就要用尽全力去做，因为只有脚踏实地地去攻克一个个难关，你才会取得成功，否则你会一事无成。"

小芸委屈地抱怨说："可我每天的练功生活太枯燥乏味

了！”妈妈劝解说：“一个有梦想的人是不会被面前的困难打倒的，任何一个学芭蕾舞的人都是这样，别人都能做到，你为什么不能？除非你是弱者。”

小芸不想成为弱者，她把妈妈的话牢记于心，不断鞭策自己。每当练功累了小芸就用海绵擦洗一下四肢，借以恢复体力，然后接着再练。最后她终于在舞台上证明了自己。

成功是没有捷径的，最好的方法就是脚踏实地用自己的努力来积蓄一鸣惊人的力量。海明威曾经说过：“一个人只要竭尽全力地去做一件事，不论结果如何，他都是成功者。”是的，世上无难事，只怕有心人，没有办不成的事情，只有办不成事的人。在追求成功的道路上，我们所有的付出都不会白费。终有一天，你会为自己一路的汗水而感到满心欢喜。

成功并非易事，但是如果你努力奋斗，一切皆有可能，梦想没有那么容易实现，但是你一步步树立目标，各个攻破，或许一切将不再是空想。如果把捷径理解为一蹴而就的话，成功是没有捷径可以走的；如果把捷径理解为到达成功的最短距离的话，成功的捷径就是我们脚踏实地地奋斗和扎扎实实地努力！

不只要有梦想，更要为梦想付出行动

阿·安·普罗克特说过这样一句话：“梦想一旦被付诸

行动，就会变得神圣。”是啊，如果只说不做，言行不一致的话，梦想是无法变成现实的。现实生活中很多人都在诉说着自己的梦想，憧憬着自己的未来，可是真正去实践的又有几个呢？梦想和成真的距离其实只差那么一小步，这一小步就是行动。假如你不去付之于行动，那么再伟大的梦想也终究是一场梦罢了，假如你不迈开双腿向目标前进，再诱人的成功也只是南柯一梦。

史蒂芬·斯皮尔伯格在36岁时就成为世界上最成功的制片人，电影史上十大卖座的影片中，他一个人便有4部。他为什么能如此年轻就有此等成就？他的故事实在耐人寻味。斯皮尔伯格在12岁时就知道，有一天他会成为电影导演。在他17岁那年的一天下午，当他参观完环球电影制片厂后，他的一生改变了。那可不是一次不了了之的参观活动，在他窥得电影制作的全貌之后，当场就决定要怎么做。他先偷偷地观看了一场实际电影的拍摄，再与剪辑部的经理长谈了1小时，然后结束了参观。

对许多人而言，故事就到此为止了，但斯皮尔伯格可不一样，他有个性，他知道自己要什么。从那次参观中，他知道自己得改变做法。

于是第二天，他穿了套西装，提起他父亲的公文包，里头塞了一块三明治，再次来到摄影现场，装作是那里的工作人员。他故意避开大门守卫，找到一辆废弃的拖车，用一些塑胶字母，在车门上拼成“史蒂芬·斯皮尔伯格”“导演”等字。然后他利用整个夏天去认识各位导演、编剧、剪辑，终日流连于他梦寐以求的世界里，从与别人的交谈中学习、观察，并产生越来越多关于电影制作的灵感。

终于在20岁那年，他成为正式的电影工作者。环球制片厂放映了一部他拍的片子，反响不错，因此与他签订了一份7年的合同，使他得以导演一部电视连续剧。

斯皮尔伯格明白，唯有努力地付出和艰苦地学习才会让自己的梦想绽放，才会将不可能的事情变成可能的现实。他做到了，他用自己的实际行动证明了自己的实力。

有一个这样的故事：

有两个人找到上帝，问道："我们如何能变成天使？"上帝对这两个人说，很远处有一座山，希望这两个人可以到那里考察，并把自己的感受告诉他。之后，他便把如何变成天使的秘诀告诉他们。两个人听完后便离去了，并约定10年后再与上帝相见。

那座山位于一个孤岛之上。两个人费尽千辛万苦来到了这里。他们一起攀上了山顶，才发现这座山竟然是一个不毛之地，四周光秃秃的一片，没有一棵树，也没有一株草，满眼只是坚硬的石头。第一个人看到后，认为自己受到了戏弄，千里迢迢地来到这里，却一无所获，于是愤然离去。

而第二个人却相反。他见到此地如此荒凉，便到附近的山上采了各种各样的种子，然后把它们播撒在山上。慢慢地，山上泛出了淡淡的青绿。原来死气沉沉的地方逐渐出现了生机。他十分高兴，于是更加卖力地干活，10年时间，从未间断。

10年之后，上帝出现了，问两人有何感受。第一个人委屈地说："我历尽千辛万苦到了那里，但见到的只是一堆光秃秃的石头。"上帝转过头去问第二个人，只见那个人神秘地一笑说："不对，那是一座青山。"第一个人听到之后对上帝说："他在撒谎，那里明明就是一块不毛之地。"

上帝没有说话，只是把他们带到了那里。令第一个人感到不可思议的是，他的眼前出现了一幅美景：青葱的树林，满山的果香，还有各种各样的动物在那里快乐地嬉戏，一片生机盎然的景象。他简直不敢相信自己的眼睛。这时，上帝指着第二个人对第一个人说："看见了吧，这就是天使！"

第一个人后悔不已。但是他明白了一个道理："如果积极地行动，任何一个人都可能成为天使。"

为什么有的人看似一生踌躇满志，不断规划着自己的前途和人生的道路，却终究一事无成？其实这些人应该反思一下自己到底有没有行动，有没有拼尽全力。有理想固然是好的，但是不去行动只能是空口白话，没什么成果。此刻，行动起来吧！拿出笔和纸，列出一步步的行动和步骤，然后按照步骤一步一步地走下去。今天马上行动，明天也不能懈怠！每天都要持续地行动，这样你的步伐才会处于前进的状态！

坚持内心的信念，始终朝梦想努力

英国剑桥郡的女性打击乐独奏家伊芙琳·格兰妮成长在苏格兰东北部的一个农场，8岁时她就开始学习钢琴。随着年龄的增长，她对音乐的热情与日俱增。但不幸的是，她的听力却在渐渐地下降，医生们诊断这是由难以康复的神经损伤造成的，而且断定她到12岁将彻底耳聋。可是，她对音乐的热爱却从未停止过。

伊芙琳·格兰妮的目标是成为打击乐独奏家，虽然当时并没有这么一类音乐家。为了演奏，她学会了用不同的方法“聆听”其他人演奏的音乐。她只穿着长袜演奏，这样她就能通过她的身体和想象感觉到每个音符的震动，她几乎用她所有的感官来感受着整个声音世界。

她决心成为一名音乐家，而不是一名耳聋的音乐家，于是她向伦敦著名的皇家音乐学院提出了申请。

因为以前从来没有一个耳聋学生提出过申请，所以一些老师反对接收她入学。但是她的演奏征服了所有的老师，她顺利地入了学，并在毕业时荣获了学院的最高荣誉奖。从那以后，她就致力于成为第一位专职的打击乐独奏家，并为打击乐独奏谱写和改编了很多乐章，因为那时几乎没有专为打击乐而谱写的乐谱。

至今，她作为独奏家已经有十几年的时间了，她很早就下了决心，不会仅仅由于医生诊断她会完全变聋而放弃追求，因为医生的诊断并不意味着她的热情和信心不会有结果。

为了梦想，我们必须坚定内心的那份力量，否则失去了信念，就将一事无成。伊芙琳·格兰妮的成功不正是说明了这一点吗？在伊芙琳·格兰妮看来，即便是身体出现了问题也无法阻止自己前进，因为她坚信内心的那份执着将会带着自己一路披荆斩棘，创造新的奇迹。

拿破仑在学校读书时，简直是笨得出奇。无论是法语还是别的外语，他都不能正确地书写，成绩也一塌糊涂。

而且，少年的拿破仑还十分任性、野蛮。在拿破仑的自传中，他这样写一个固执、鲁莽、不认输、谁也管不了的孩子："我使家里所有人都感到恐惧。受害最大的是我的哥哥，我打他、骂他，在他未睡醒时，我又像狼一样疯狂地向他扑去。"

不仅如此，拿破仑还袭击比他大的孩子，脸色苍白、体质羸弱的拿破仑却常让他的对手不寒而栗。

家里的人都骂他是蠢材，而人们都叫他"小恶棍"。

可是，在这个遭人白眼的孩子的心中，有一股巨大的力量正悄悄地滋长着，成为他后来的梦想。

他朦胧地意识到自己的与众不同，然而他还未真正地认识它。同时，他心中有一种狂妄而任性的想法：要主宰一些东西，做领导者。凡是自己想要的东西，都要归自己所有。

一天天长大的拿破仑开始更加地关注自己。他常沉溺于同龄人无法想象的冥思苦想中，又疯狂地迷恋着各种复杂的计算，但他已学会了用冷静的理智很好地控制自己的行动。

他惊奇地发现自己表现出来的出色的思考力，第一次真正地认识了自己。

他的行动变得果敢而敏捷，富于抗争精神。

一种崭新的渴望点燃了他生命的热情，终于有一天，他明白无误地告诉自己："是的，我具有最出色的军事家的素质。权力就是我要得到的东西！"

清醒的自我意识一旦形成，便发挥出巨大的推动作用。拿破仑在成功之路上连战连捷，势如破竹。

35岁时，他登上了法国皇帝的宝座。

朋友们，也许我们能力有限，也许我们在很多地方条件受限，但这些都不是我们放弃理想的理由。因为，只要有梦想，你就有了战胜一切的雄心壮志，你将会爆发出不断让自己前进的力量。中国当代著名的作家、社会活动家丁玲曾经说过："人，只要有一种信念，有所追求，什么艰苦都能忍受，什么环境也都能适应。"当人有了坚定不移的信念的时候，苦难便可以绽放出灿烂的花朵。

| 第 05 章 |

找到努力的方向后，就大胆出发

当你站在一个位置的时候，你是否明白自己的朝向应该是何方？有方向，一个人才不会迷茫；有方向，一个人才会有动力。如果你知道自己想去哪里，世界都会为你让路，假使你自己都不知道去何方，那么你就像一艘没有方向的船，永远都是随波逐流。只有明白自己的人生方向，你才有可能成为一颗耀眼的明珠，才不会在前进的道路上迷失自己。

拒绝内耗，做好自己足矣

有这样一个故事：一个老人和一个小孩子用一头驴驮着货物去赶集。赶完集回来，孩子骑在驴上，老人跟在后面。路人见了，都说这孩子不懂事，让老年人徒步。小孩子就忙下来，让老人骑上。于是旁人又说老人怎么忍心，自己骑驴，让小孩子走路。老人听了，又把孩子抱上来一同骑。骑了一段路，不料看见的人都说他们残忍，两个人骑一头小毛驴，把小毛驴都快压死了，两人只好都下来。可是人们又都笑他们是呆子，有驴不骑却走路。老人听了，对小孩子叹息道："没法子了，看来我们只剩下一条路：我们扛着驴走吧！"

故事中的一老一少过于在意别人的看法，因此最后不知所措，他们可以说是完全让别人牵着鼻子走。是的，不管你怎么做，你都无法满足所有人，所以，不要让他人左右你前进的方向，做好自己，让结果不留遗憾，这就已经非常不错了。

朋友们，想清楚，自己的方向是靠自己控制的，前进道路的选择权也在你自己，别人可以给你建议，但是做主的还是你自己，所以，快乐地做自己吧！按照自己的意愿去做人做事，我们就不必勉强改变自己，不必费心掩饰自己。这样，就能少一些精神的束缚，多几分心灵的舒展；就能少一点不必要的烦恼，多几分人生的快乐与洒脱。

有一个姑娘叫珊珊，从小长得不是很漂亮，她非常胖，跟同龄的孩子比起来显得大一点，因此她一直以来内心非常自卑、敏感。珊珊的妈妈总是用自己的方法来打扮珊珊，让她感觉自己要比其他同龄的孩子更成熟，珊珊也从来不和其他的孩子来往，她看起来非常害羞，总是独来独往。

后来，珊珊长大成人，直至结婚，她的性格也是没什么变化。珊珊总是躲在自己的壳里，跟老公的家人也很少交流，幸好老公的家人都非常好，他们鼓励珊珊走出自己的世界，希望她能变得开朗，但是他们所做的一切，总是令她紧张不安。有时她甚至害怕听到电话的声音。珊珊不愿意参加各种活动，对于那些实在推不掉的应酬，在表面上珊珊表现得比较高兴，但是她的眼神里总是充满着恐慌。珊珊很在意他人的看法，如果看到别人在窃窃私语，她就会认为大家在议论她，如果别人多看她一眼，她就会认为那人是嫌她胖，或者厌恶她的穿着。每一天的生活对珊珊来说都很难受，她总是觉得生活没有意义。

看到珊珊的现状，她的婆婆非常着急，有一次就跟珊珊谈心，询问珊珊到底怎么想的。交流一番之后，婆婆明白了她的心思，也给了珊珊很多建议。最后，婆婆说："珊珊，每个人都是独一无二的，我们就应该保持自我，也就是保持自己的本色，这样你才会活得轻松快乐啊！"这句话让珊珊恍然大悟，她明白自己总是生活在别人的世界中，总是用别人的眼光、别人的模式去要求自己，根本就没活出真实的自我来。

从此以后，珊珊就变了。她开始重新审视自己，在乎自己的想法和看法，她选择适合自己的穿衣风格，她主动接听电话，甚至主动联系朋友，参加各种活动，虽然还是有些紧张，但是她已经有勇气在活动中发言。珊珊说："每个人都在主动接近我，我看到他们真的很亲切，很开心。"老公一家也很欣喜珊珊的变化。

爱默生在散文《自恃》中写道："每个人在受教育的过程当中，都会有段时间确信：物欲是愚昧的根苗，模仿只会毁了自己；每个人的好坏，都是自身的一部分；纵使宇宙充满了好东西，不努力你什么也得不到；你内在的力量是独一无二的，只有你知道自己能做什么。"朋友们，我们要明白，最精彩的活法就是保持自我。没有了自我，何谈生活？我们每一个人都是独一无二的，都有自己的生活需要经营。所以，我们要做好自己，把控住方向，不要被他人左右，活出最精彩的自己。

有主见，把控自己的人生

高考将近，杨海林已经被保送到了大学。陈默也不愁，父亲早已为他联系好了一所国外的学校，到时候，他直接去国外读书，毕业之后回国接手爸爸的事业，人生之路一帆风顺。班上很多同学都很羡慕陈默，可陈默却一点也不觉得高兴。

陈默和几个好朋友在一起的时候，他们总会发出“人活着到底是为了什么”这样的疑问。这些朋友甚至包括身为模范学生的杨海林，只不过杨海林是随便感叹一下，过后就忘了。

可是陈默不一样，这个问题一直纠缠在他的脑海里。有时候，他想：“难道是因为人生都被爸爸安排好了，才会这样？”他一直很羡慕国外的教育和生活方式，老早就期盼着了。怎么现在快要去了，反而生出很多茫然？

反正是要出国了，参不参加高考都无所谓，陈默就将时间花在了这个哲学问题上，思考自己到底想要什么样的人生。在网上，在图书馆，陈默看了很多信息资料，这个说，人生是一个过程，一定要努力实现自己的梦想；那个说，人生就是一段旅程，一定要好好地享受生活……反正是众说纷纭，莫衷一是。陈默看来看去，一头雾水，还是找不到自己人生的方向。

思考了一段时间之后仍然找不到答案，陈默放弃了，心想：反正也想不出个所以然，何必浪费那个时间，还不如好好玩一段时间再说呢。慢慢地，他开始掉进网络游戏的陷阱当中。星期天，陈默来找杨海林一起玩，中午就在杨海林家里吃饭。吃饭的时候，陈默跟杨海林说起他最近玩的那个游戏，说得眉飞色舞、唾沫横飞。杨海林爸爸在一旁皱起了眉头，高考在即了，还有心思玩游戏。杨海林爸爸将心里的想法说出来了。

“叔叔，我爸已经联系好了国外的学校。”陈默毫不在意，“我就等着高考完了出国，人生就那么回事，现在不玩以后不一定有机会玩了。”

听到这话，杨海林爸爸眉头皱得更紧了。“杨海林，陈默，”看着两个人抬起头来，杨海林爸爸才再次开口，“你们现在正处于一个很危险的年龄段，需要思考的问题太多，如果不把握正确方向的话，很容易误入歧途。”

“爸，我知道你要说什么，好好学习，天天向上嘛。我们都懂的。”杨海林调皮地顶了句。

“不，光好好学习还不行。”杨海林爸爸不知道是没听出来杨海林话里有话呢，还是怎么着，一本正经地说，“现在科技那么发达，‘两耳不闻窗外事，一心只读圣贤书’肯定是行不通的。你们平时上网的时候，也要多浏览各种新闻，学会从各种信息中辨别真假善恶，培养自己独立思考的意识。”

鼓励孩子上网，这可不是一般父母能做到的。杨海林和陈默这下洗耳恭听起来了，“一个人一生想做什么，想成就什么样的事业，这不是凭空得来的，而是在后天的学习、积累过程中慢慢得来的。越早知道自己想要什么，也就越能成功。你们现在还不知道自己想要什么，很茫然，这是正常现象。”杨海林爸爸说，“孩子们，学业对你们来说非常重要，所以必须要在这个阶段打好基础，不断积累自己的人生财富，只有你学得多了，你才能更明白什么是自己想要的。这需要你们多方面地汲取经验，学习知识，参与各种实践活动，从中寻找自己的理想、兴趣所在。人生确实是一段旅程，但是怎么走，却决定着你一路的风景。”

“说得好。”陈默竖起了大拇指，“叔叔，听您这一席话，我真的是备受启发。我们确实需要充实自己，不断努力，把控住自己人生的‘方向盘’，有方向才不会迷茫，才会有更大的希望。”

不光这些临近毕业的学生们感觉迷茫，其他的人又何尝不是呢？时代的飞速发展不仅带来了经济的繁荣，很多人也在这五光十色的霓虹灯中迷失了自己，找不到人生的方向。不论是在何种情况下，如果不能确定自己人生的方向，或者不能朝着这个方向而努力，那最后的结果就只有失败。

朋友们，人生的方向需要自己去把握，没有谁能代替你去走完自己的一生，我们要为自己而活。你的目标是否坚定，也取决于这个目标是否出于你真正的意愿，是否符合你的实际情况，是否真正扎根在你的内心深处。如果一个人没有目标和方向，那么他就会变得懒散、懈怠、积极性差，所以方向对于人生有着很大的指引作用，可以说是我们前进的动力，我们一定要好好把控。同时，在朝着自己目标努力的过程中，我们只有不断修正自己的方向，才能自己掌握自己的人生。

别让那些无关紧要的事消耗自己

英国著名作家狄斯雷利深刻地指出：“为小事而生气的人，生命是短暂的。”

一个人过多纠缠于小事很容易变得不可理喻，失去人格魅力。所以说，对于无关紧要的小事我们要懂得忽略。学会忽略才会有更多的空间去做重要的事，才会活得更加轻松、快乐。

有这样一个经典的故事，相信大家会备受启发：

两个朋友在沙漠中旅行，旅途中他们为了一件小事争吵起来，其中一个还打了另一个一记耳光。被打的人觉得深受屈辱，一个人走到帐篷外，一言不发地在沙子上写下："今天我的好朋友打了我一巴掌。"

他们继续往前走，一直走到一片绿洲，停下来饮水和洗澡。在河边，那个被打了一巴掌的人差点被淹死，幸好被朋友救起来了。在被救起之后，他拿了一把小剑在石头上刻下了："今天我的好朋友救了我一命。"他的朋友好奇地问道："为什么我打了你之后，你要写在沙子上，而现在要刻在石头上呢？"

他笑着回答说："当被朋友伤害时，要写在容易忘的地方，风会负责抹去它；相反，当被朋友帮助时，要把它刻在心灵的深处，那里任何风都不能磨灭它。"

我们会面临许许多多的事情，有开心就有难过，这都是情理之中的事情。虽然我们左右不了事情的发生，但是我们可以左右自己的内心，学会丢弃。当所有不好的事都被你丢弃在发生的那一时刻，那么下一刻，就会遇见幸福和快乐。

是的，我们要学会忽略，忽略人生中那些不快乐的事情、无关紧要的事情，腾出自己的心，装下更多的欢乐，轻松地去做自己想做的事，做人生中最重要的事情。

经营自己的兴趣爱好，然后形成优势

中国现代哲学家、哲学史家张岱年曾经说过这样一段话：“养生之道并非高深莫测，无非在为人处世方面，要看透事物，不要去自寻烦恼；须知，福德即在我身，何须外求？因而要以德邀福，以善驱凶。另外，热爱生命者要接受生活，所以要注意培养兴趣和爱好，时常做一些能使自己身体放松，心态平静的事情，如听音乐、练书法、看书、静坐、散步、练太极拳、到大自然中去欣赏清风明月，绿水青山……如果说有养生秘笈，我所公开的这些秘笈，人人都可以做到，问题就看你去不去做……”是的，培养一些兴趣爱好对一个人的身心健康有着很重要的作用。正如现在，很多人在这个物欲纵流的社会里迷失了自己，感到压抑、空虚、迷茫，倘若多培养一些兴趣爱好，比如，健身、旅游、读书等，在一些闲暇的时间或烦闷迷茫的时候，这些都会充实你的生活，而且对提高人的生活质量、不断修正人生的方向也有着很大的作用。

小艾是某公司的一位设计师，有一个体贴的老公，一个可爱的儿子，周围的人总是说：“小艾，你每天看起来好快乐。”“小艾，你过得真幸福，真羡慕你！”说实话，小艾也对自己的生活很满意，不过她知道这一切都是兴趣爱好带来的。

小艾的兴趣比较广泛，只要是一切美好的事物，她都喜欢。小艾有几项固定的兴趣爱好，比如：画画、看书、做瑜伽、听音乐、唱歌……生活几近枯燥乏味，小艾就通过自己的这些兴趣爱好陶醉在自己的世界里，充实自己的生活，而这也是她快乐的动力。不过，生活对小艾也不总是"微笑"的，她的工作、家庭难免会发生不愉快的事情，此时小艾依然会用自己的爱好来调整自己，比如，组织几个姐妹去健身房锻炼，在运动中释放自己的压力，让烦闷随汗水一起发泄出来。

其实兴趣爱好对于小艾来说不仅可以调整身心，还使她的生活品位和修养得到了很大的提升，小艾能够从不同的娱乐中总结出生活的智慧，发现生活的新天地。因此，小艾的工作和生活灵感一次次迸发，多次得到经理的表扬，赢得老公的万般宠爱。

朋友们，不要抱怨你的生活多么枯燥和无聊，那是因为你不懂得生活，没有发现其中的美。懂得感受生活的人，总是能经营出不一样的乐趣，每一天都丰富多彩、斑斓多姿。生活中，当然应该有工作，同样也应该有业余爱好。如果你只知道死板地沉浸在工作或者生活里，那么你的人生将会黯然失色。一个人如果怀有浓烈的兴趣爱好，他必定比旁人更能体会生命的可贵可爱，获得精神的愉悦。

兴趣爱好使人眼界开阔，使人胸襟豁达、朝气蓬勃，个性也会得到充分发展，精神境界也会变得高尚。对于爱好，我们会去自觉地参与，深入去研究，而且在参与的过程中心情是愉悦的、开心的。

陈玉和她的老公李浩是大学同学，李浩家境比较好，毕业之后也有一份非常好的工作，生活可以说是非常宽裕。毕业之后没多久，他们就结婚了。和李浩结婚后，陈玉就在朋友的羡慕中辞职做了全职太太，然后和大多数的女人一样经历了怀孕、生子。陈玉的人生似乎就应该围着老公李浩和孩子转了。可是她并不开心，因为陈玉感觉自己生活得很空虚，每天李浩回家后，他们的话题就是孩子今天怎么样，今天吃什么。陈玉越来越觉得自己的生活很压抑，需要呼吸一下外面的新鲜空气。

有一次，陈玉和以前的同学一起聚会，对她们说了自己的苦闷，其中一个同学张静对她说："陈玉，你这是生活过得太舒坦了，吃喝不愁，不用还房贷，也不用为了经济问题犯难，你还说空虚？"另外一个同学李云说："其实我还是比较理解陈玉的，因为之前我也是这样生活的，感觉都找不到自己了，一个人没有了生活的乐趣和追求的目标，一个女人整天被限制在家庭琐事中，的确很苦闷。其实我觉得陈玉应该重新去寻找生活的目标，有了兴趣，生活自然就有了意义。"听了朋友的话，陈玉决定出去工作，在一个舞蹈学校做老师。

从那以后，陈玉忙碌起来了，虽然忙，但她的生活开始有滋有味，她也慢慢地了解到老公工作的辛苦，两人的关系似乎又回到了恋爱的时候。

有自己的兴趣爱好，生活就会变得五彩缤纷，也会有向上的动力，不会再感到无聊、压抑。因为，一个有思想的人是不会允许自己的人生死气沉沉的。

经常为自己充电，获得满满的能量

有一句名言是这样说的：“除了生命外，我们还有一样东西不能放弃，那就是学习。”是的，所谓的“活到老，学到老”就是这个道理。在现在这个充满竞争的时代，我们只有不断学习，充实自己，才能更好地适应社会的发展，才不会在自己的前进道路上迷失方向。社会的竞争规则是强者胜，企业的用人标准是能者上。就算你曾经风光无限，但如果你停滞不前，很快就会被甩在后面，甚至出局。朋友们，时时为自己充电，带着满满的能量出发吧！

李志鹏是一名法律系的大学生，从小他就梦想自己有朝一日能够成为一名出色的律师。所以，上大学时他毫不犹豫地选择去一家律师事务所实习，李志鹏的同学都嫌进律师事务所给人打工既赚钱少，又累，简直就是浪费青春，可是李志鹏却不这样想，临近毕业的时候，他就已经搜集了很多律师事务所的资料，了解了一些比较出名的律师，其中一位叫李海的律师就是他非常想要学习的榜样。李海为老百姓打官司，无论多么难办的案子他都能理清头绪，被称为百姓的律师。大学毕业后，李志鹏来到这家律师事务所，想方设法为李海老师工作。李志鹏每天跟在李海老师后面，一点一点地向他学习，和李海老师一起办了几件大案子。渐渐地，当地的百姓都知道李海老师有一个好学生叫李志鹏，他的办事能力也很强。李海老师忙不过来的时候，也会把事情交给李志鹏做。李志鹏终于也成了当地的著名律师，实现了自己的理想。

如果你不知道怎样去提升自己，激发自身的潜在力量，那就将你所热衷的行业里的成功前辈作为榜样来学习，你可以全方位、多角度地学习前辈的方法、模式、经验，时间久了，遇到合适的机会，你就会在这个领域成就一个不平凡的自己。

东吴名将吕蒙，因家庭条件不好，没有读过书，但他作战英勇，屡立战功。孙权即位后，就提升吕蒙为平北都尉。

建安十三年（公元208年），吕蒙随孙权讨伐黄祖。吕蒙没让孙权失望，他斩了黄祖的都督陈就，胜利回师，被提升为横野中郎将。

但吕蒙有个缺陷，他学识不高。带兵镇守一方，每次向孙权报告军情时，只能口传，无法书写。一天，孙权对吕蒙和蒋钦说：“你们从十五六岁开始，一年到头打仗，没有时间读书，现在做了将军，应多读书。”吕蒙说：“忙啊！”孙权说：“再忙，有我忙吗？我不是要你做个寻章摘句的老学究，只要你粗略地多看看书，多学习一点。”说着给他详细列出《孙子兵法》《六韬》《左传》《国语》《史记》《汉书》等书单。

此后，吕蒙开始发奋读书，后来竟达到了博览群书的地步。

鲁肃做都督的时候，仍然以老眼光来看待吕蒙，以为吕蒙还是学识不高的武将。有一次，鲁肃同吕蒙聊天，吕蒙问鲁肃："您肩负重任，对于相邻的守将关羽，您做了哪些防止突袭的部署？"鲁肃说："还没有主意！"吕蒙就向鲁肃陈述了吴、蜀的形势，提了五点建议。鲁肃听了非常佩服，赞扬吕蒙见识非凡，认为吕蒙很有才华。鲁肃走到吕蒙跟前，拍拍他的后背说："真是聪明一世，糊涂一时，你进展如斯，我却总以为你只有勇武。不想，听君一席话，茅塞顿开。"

吕蒙一笑说："士别三日，理应另眼相看，况且你我之别，远非三日。今日一叙，大哥你可不能再用老眼光来看我了。"

从此二人成了好朋友。不久吕蒙又接替鲁肃统率东吴的军队，成为一代名将。

转变，源于不断学习和努力。

| 第 06 章 |

走出内耗，内心强大者才有广阔的人生舞台

心有多大，世界就有多大，如果一个人的内心足够强大，那么很多问题在他面前都会不攻自破。很多时候我们可能会把自己的不如意归结到外界环境，其实能够打败你的，往往是你自己。一个能够做好自己的人才是一个更成功的人，他不会杞人忧天，而是懂得把握好当下的幸福；他不会被诱惑缠绕，而是懂得坚持自己的原则；他不会为琐事而忧心忡忡，而是懂得用气度来包容……拥有这样强大的内心，就是成功的缘由。

人生高度，由你的气度决定

西方谚语有云：“上帝给每人一只杯子，你从里面饮入生活。”一样的生命，一样的童年，一样的成长，可仅仅因为每个人的气度不同，人生就会大相径庭。你想要怎样的结果，其实决定权不在上帝的杯子，而在你的手中。气度决定了人生的高度，一个有气度的人才会有所成就，否则他未来的成就势必会受到限制。如今的社会可以说是充满着各种各样的挑战，我们在不断地用物质、知识、金钱丰富着自己，但同时我们也不要丢弃了那些“内在”的东西，比如一个人的心胸、气质、品格、修养等。

在春秋时期，公子纠和公子小白曾为了争夺王位而站在对立的位置。管仲和鲍叔牙虽然都是有才之士，但站在不同的利益阵营，各司其主。管仲在公子纠旗下，而鲍叔牙在公子小白的阵营之中。

在双方交战的时候，管仲一箭射中公子小白身上的铜制衣带钩，险些要了公子小白的性命。不久之后，战争结束，公子小白获胜，成了历史上有名的齐桓公。公子小白即位后，因为鲍叔牙辅佐有功，公子小白有意任命他为相国。然而鲍叔牙认为曾经和他们敌对的管仲比自己更合适，虽然曾经是敌人，但却是一个可用之才。想到国家社稷，鲍叔牙力荐管仲。

鲍叔牙心胸宽广，如实对齐桓公说："虽然我辅佐您登基，但是管仲比我更适合担任相国这个重要的职位，因为他在很多方面都比我强。他能够收拢民心，做到安民，我做不到。他对治理国家也比我有见地，能够保证国家的利益。他能够制定礼仪，我做不来。战争的时候，他能够鼓励引导人们，而且还能指挥战争，我也不如他。所以他比我更适合做相国。"齐桓公也是一位心胸宽广之人，他考虑过后觉得鲍叔牙说得有道理，便让管仲做了相国，完全不去计较曾经的一箭之仇。因为齐桓公和鲍叔牙的爱才，管仲也尽心尽力地辅佐，最终助齐桓公成就伟业，使得当时齐国的实力强盛一时。

这个故事相信很多人都听过，不论是齐桓公还是管仲、鲍叔牙，他们都有着让人敬佩的大气度。试想一下，如果他们都斤斤计较当时的矛盾，那么历史上或许就没有这段贤君名士的佳话了。气度决定人生的高度，气度左右一个人的格局，所以说，做人做事一定要有宽广的胸怀，保持大气度。

一个人想要取得伟大的成就，就必须培养自己广阔的胸襟、恢宏的气度；一个人想要在生活中成为一个豁达的人，也要注意气度的培养，能够对不如意的事情一笑置之。

人心有多大？要看你的气度、胸怀、胆识与心智。气量大，天地给你的舞台就大，赋予你的责任就重；气量小，甚至会连妻儿老小都容不下，就很可能变成孤家寡人了。

走出内耗，才能放眼未来

世界到底有多大？不同的人眼里有着不同的答案，因为每个人的心是不一样的。心是什么？是理想、追求、抱负、胸襟、视野和境界。有一等胸襟者，才能成就一等大业；有大境界者，才能建立丰功伟业。当心变大时，我们就多了一双眼睛、一双手、一副耳朵。不管我们能不能做出一番大事业，我们都不要丢了自己的那颗拥有大境界的心，就算是平凡的小事，相信我们也能用心去做到更好。心有多大，舞台就有多大，放眼未来，我们的世界将会更加宽广。

《庄子》中的《逍遥游》讲过这样一个故事：

北方有一片大海，海中有一条叫作鲲的大鱼，宽几千里，没有人知道它有多长。它变成鸟，叫作鹏，它的背像泰山，翅膀像天边的云，飞起来，乘风直上九万里的高空，超绝云气，背负青天，飞往南海。

蝉和斑鸠讥笑它说："我们愿意飞的时候就飞，碰到榆树、檀树就停在上边；有时力气不够，飞不到树上，就落在地上，何必要高飞九万里，又何必飞到那遥远的南海呢？"

正所谓"燕雀安知鸿鹄之志哉"，那些蝉和斑鸠的眼光如此短浅，它们又能看到什么呢？所以它们根本理解不了大鹏的志向和眼光。心有多大，世界就有多大，如果你没有强大的心灵，没有坚定的信念，没有远大的志向，那么你看到的天地真的是极为狭窄的。想要成为大鹏一样的人，必定要比常人忍受更多的艰难曲折，忍受心灵上的寂寞与孤独。这样经过岁月的洗礼，才会把自己的心灵锻炼得更为强大，把自己的视野开拓得更为宽广，那么他们眼中的世界将会比他人更大、更精彩。

李斯是秦朝的丞相，辅佐秦始皇统一并管理秦国，立下汗马功劳。可少有人知，李斯年轻时只是一名小小的粮仓管理员，他的立志发愤，竟然是因为一次上厕所的经历。

那时李斯26岁，是楚国上蔡郡府里的一个看守粮仓的小文书。他的工作是负责仓内存粮进出的登记，将一笔笔斗进升出的粮食的进出情况记录清楚。

日子就这么一天天过着，李斯不能说完全浑浑噩噩，但也没觉得这有什么不对。直到有一天，李斯到粮仓外的一个厕所解手，这样一件极其平常的小事竟改变了李斯的人生态度。李斯进了厕所，尚未解手，却惊动了厕所内的一群老鼠。这群在厕所内安身的老鼠，瘦小枯干、探头缩爪，且毛色灰暗，身上又脏又臭，让人恶心至极。

李斯看见这些老鼠，忽然想起了自己管理的粮仓中的老鼠。那些家伙，一个个吃得脑满肠肥，皮毛油亮，整日在粮仓中大快朵颐，逍遥自在。与眼前厕所中这些老鼠相比，真是天上地下啊！人生如鼠，不在粮仓就在厕所，位置不同，命运也就不同。自己在上蔡城里这个小小的粮仓中做了8年小文书，从未出去看过外面的世界，不就如同这些厕所中的小老鼠一样吗？整日在这里挣扎，却全然不知有粮仓这样的天堂。

李斯决定换一种活法，第二天他就离开了这个小城，去投奔一代儒学大师荀况，开始了寻找“粮仓”之路。二十多年后，他把家安在了秦都咸阳的丞相府中。

我们可以平凡，但是我们要拒绝平庸，如果甘心做一只井底之蛙，那真的是一件非常悲哀的事情。你眼下的世界有多大，全在于你的心有多大，心看得越远，你走的路也会越长。李斯的成功正是因为他从生活中受到启发，及时走出了自己的小天地，不断放眼未来，才有了自己大展宏图的机会。

一个人的心有多大，舞台就会有多大。进取心和想象力是成功的起点，也是最重要的心理资源。目光高远，不抱怨，不随意发牢骚，时刻想着提高和进步，是成功者最重要的习惯。请记住红顶商人胡雪岩说过的这一句话：“做事一定要看大局，你的眼光看得到一省，就能做下一省的生意；看得到一国，就能做下一国的生意；看得到国外，就能做下国外的生意；看得到天下，就能做天下的生意。”

专注当下，做好每件事

俗话说：“走过路过，不要错过。”因为不经意间，我们就错过了一些生命中很重要的人和事。不是我们不明白，而是我们不懂得珍惜当下，没有抓住机会。很多人为逝去的过往而暗自叹息，殊不知当下也在悄悄流逝；很多人总是一味地规划未来，当下的事情却做得一塌糊涂。日休禅师曾经说过：人生只有三天——昨天、今天和明天。活在昨天的人迷惑，活在明天的人等待，只有活在今天的人最踏实。是啊，如今的我们应该珍惜今天的生活，不要荒废了自己的人生，过好每一天，做好每一件事，把握好每一次机遇，这样不管未来如何，你都能无怨无悔。

有个小和尚，每天早上负责打扫寺院里的落叶。

清晨起床扫落叶实在是一件苦差事，尤其在秋冬之际，每一次起风时，落叶总随风飞舞。每天早上都需要花费许多时间才能清扫完落叶，这让小和尚头痛不已。他一直想要找个好办法让自己轻松些。

后来有个和尚跟他说："你在明天打扫之前先用力摇树，把落叶统统摇下来，后天就可以不用扫落叶了。"小和尚觉得这是个好办法，于是他起了个大早，使劲地猛摇树，认为这样他就可以把今天跟明天的落叶一次性扫干净了。小和尚一整天都非常开心。

第二天，小和尚到院子里一看，不禁傻眼了。院子里如往日一样满地落叶。

老和尚走了过来，对小和尚说："傻孩子，无论你今天怎么用力摇，明天的落叶还是会飘下来。"小和尚终于明白了，世上有很多事是无法提前完成的，唯有认真地做好当下的事，才是最真实的人生态度。

你能知道明天是怎样的吗？你能预知明天的故事吗？这些

都是未知的事情。明天是成功，还是落魄？同样没人能说清。也有一部分人，沉溺于对未来的美好幻想中，把未来想得很美好。但当未来真正到来的时候，才发现一切并没有自己想象中的那么美好。

陈小莫大学毕业后，被分配到一家电影制片厂担任助理影片剪辑。这是小莫的一个新的起点，她相信自己从此将在影视界崭露头角。可是过去了没几个月的时间，她却离开了这个岗位，辞职了。

陈小莫认为自己这样做的理由很充分：自己是一个名牌大学的毕业生，接受这么多年的教育，可是现如今在电影制片厂做的都是什么工作？自己就像是一个打杂的，把宝贵的时间耗费在贴标签、编号、跑腿、保持片场整洁等琐事上面，小莫觉得自己心里实在是接受不了，感觉自己一点发挥的机会都没有，像是被骗了似的，更有一种对不起自己的感觉。

几年后，当陈小莫看到电视上的演职员表时，发现以前的同事有的已经成为导演，有的已经成为制作人。看到大家如今的成就，此时此刻的小莫心里万般滋味，无法言表。

陈小莫原来并未看到平凡的岗位也具有不平凡的意义，所以她的辞职行为，关上了自己在影视界闯出一番事业的大门。小莫只是想着自己很快能够做出轰轰烈烈的事业，可是殊不知美好的明天是靠今天不断努力挣来的，不想做好当下的每一件事情，总是奢望未来如何，结果只会输掉未来，原因是败在了当下。如果她当时对自己在影视界的远景能进行一次清醒的前瞻，确定一个明确的目标，那么最初做影片剪辑和打杂的那段时间，最多只能算是预先付出的一点小小的代价而已。

昨天已逝，明日未临，其实我们能抓住的、能把握的，就是今天，就是现在。所以，活在当下，把握住现在，做好现在的每一件事，我们才不会在明天后悔，我们才能离成功更近。

大度点，不与人较真和置气

印度诗人泰戈尔曾说："不让自己快乐起来是人最大的罪过。"生气就是跟自己过不去，面对他人的攻击，能够保持镇定的人，才是生活的智者。所以，不要为别人犯下的错误而烦恼，细想一下，一些事办砸了可能就无法挽回，你只能吃一堑，长一智，如果为此天天寝食难安，乃至忧虑和烦恼缠身，就不值得了。假如他人能够诚心改过，那么我们应该试着用宽容的心去接纳，因为人无完人，很多不触及底线的事情，我们可以选择原谅，这不仅是对他人的宽恕，也是对自己心灵的一种释放。

古希腊神话中，有一个关于仇恨袋的故事。

赫格利斯是一个威风凛凛的大力士，所向披靡、无人能敌，人们听到他的名字都会觉得心惊胆战。春风得意的赫格利斯踌躇满志，他一直宣称自己今生最大的遗憾就是没有对手。

一天，赫格利斯走在一条狭窄的山路上。突然，一个什么东西把他绊了一个趔趄，险些让他摔倒在地上。赫格利斯很生气，走上前定睛一瞧，原来脚下躺着一个袋囊，他拼命地踢了袋囊一脚来泄愤，但是那个袋囊不但纹丝不动，反而气鼓鼓地膨胀起来。

赫格利斯看到袋囊胀起的样子像是在向他宣战，更加愤怒了，他挥起拳头又朝袋囊狠狠地一击。但是，袋囊依然一动没动，只是再次迅速地膨大着。

赫格利斯暴跳如雷，他拾起一根木棒朝袋囊砸个不停，但他越用力，袋囊就像故意向他示威似的越胀越大，最后把整个山道堵得严严实实。气急败坏却又无可奈何的赫格利斯累得躺在地上，气喘吁吁。

这时，一位智者走过来，他早已在旁边观察赫格利斯很久了，见倒在地上的赫格利斯，便问："你为什么这样呢？"

赫格利斯懊恼地说："这个东西真可恶，存心跟我过不去，把我的路都给堵死了。"

智者淡淡一笑，平静地说："朋友，这个袋囊叫'仇恨袋'。如果你不理会它，或者干脆绕开它，它就不会跟你过不去了。你越生气，它就会胀得越大，所以才会把你的路堵死了！"

赫格利斯越是生气，就越是与"仇恨袋"过不去，结果把自己的路堵得死死的。本来可以一笑置之地走过，可他却没有这么做，想想又何必这么较真呢？其实，生活中很多人总是遇事“小心眼儿”，活得过于认真，因此就非常容易被他人的一点过失惹恼，其实想想这又何必呢？人是群居动物，难免遇到磕磕绊绊，如果事事置气，那自己早晚会被气死。所以说，别拿别人的错误惩罚自己，心宽一点，容纳得多一点，那么你的心情自然就会好很多。

李杨刚刚走出校门参加工作，刚刚进入公司的他因为是新人，老是会受一些委屈。比如，那些老员工总是给他安排一些琐碎的事情，看到他工作出问题就对他恶言相向，他还总是被推到最前面来承担责任……对此，李杨感到非常生气，也非常难过，但又不知如何摆脱。

在这样的情况下，他就找了一位比较有阅历的长辈诉说。长辈听了李杨的抱怨后，十分平静地问道：“你的家中偶尔也会有客人或者很要好的朋友到访吧？”

“那是当然的，为什么问这个呢？”李杨回答道。

“当家里来客人的时候，你会不会好好招待他们呢？”长辈接着问。

“当然会了。”李杨说。

“如果当你为他们准备好菜肴的时候，客人们没有留下来，那么这一桌菜肴应该归谁呢？”长辈问道。

“如果这样的话，那只能我自己吃了呀！”李杨这样回答。

长辈笑了笑，看着他，说道：“是的，李杨，你应该明白，你们公司的同事对你不满意，或者是与你作对的时候，如果你不放在心里，不去接受这一切，那么，那些斥责还是属于他们的。”

长辈又以平静的语气对李杨说道：“他人对你传达了一些不良的情绪，很恼怒地对待你，如果你以牙还牙，这其实并不是什么明智之举，只会让矛盾更加严重。可是不反击你又难过，那么你应该怎么做呢？当面对他人愤怒的时候，你要以正念镇定自己，这样不但能战胜自己，也能战胜他人。”

听罢这话，李杨顿时领悟了。回到公司之后，李杨对别人的苛责总是以微笑应对，最终感化了其他的同事，成为部门最受欢迎的人，不久之后就升了职。

你改变不了别人，那就改变自己，开阔自己的心胸，不再让一些琐事扰乱自己的生活。保持一种平和的心态对于为人处世有着很大的意义，它会为你营造一种更为和谐的氛围，也会让你变得更加坦然、优秀。

总之，不要对别人要求过高，否则就会因内心得不到满足而过于烦恼，也不能对别人“全盘否定”，因为“人无完人”。想一下，如果过于计较个人的得失，你就会经常陷入焦躁不安之中，心绪不能平静，起起伏伏，最后忧郁难过的还是自己。

时刻自制，坚决对诱惑说“不”

唐代伟大的文学家柳宗元曾写过一篇名为《蝜蝂传》的散文。文章内容如下：

蝜蝂是一种擅长背东西的小虫。爬行时遇到东西，总是抓取过来，抬起头背着这些东西。它的背很粗糙，因此东西堆上去不会散落，东西越背越重，然而即使爬行非常困难它也不停止，最终被压倒爬不起来。有的人可怜它，替它去掉背上的东西。可是蝜蝂如果能爬行，又会把东西像原先一样抓取过来背上。这种小虫又喜欢往高处爬，用尽力气也不肯停下来，最后导致跌下摔死在地上。蝜蝂抵挡不住事物的诱惑，总是想贪婪地拥有一切，但由于背上的东西越来越多，越来越重，终于丢掉了性命。

当你无法抵制一些诱惑的时候，你就会想贪婪地去拥有这一切，那么你背负的东西就会越重，久而久之，你就会被贪婪压得无法呼吸。我们每个人在生命中都会遇到各种各样的诱惑，如果你在那些诱惑面前无法止步，那么你就会无法收住自己贪婪的心，终究会毁了自己。所以说，保持理智对一个人来说极为重要。

1960年，美国心理学家米卡尔曾做过一个“延迟满足”实验。实验者将一群4岁的孩子留在房间，发给他们每人一颗软糖，然后告诉他们：“我有事要出去一会儿，你们可以马上吃掉软糖，但如果谁能坚持到我回来的时候再吃，就能够再得到一颗软糖。”

有些孩子比较冲动，实验者走后就迫不及待地吃掉了糖果。有些孩子能够等到实验者回来，尽管等待的时间非常漫长。这些孩子用尽各种方法让自己撑下去：有的闭上眼睛，避免看见十分诱人的糖果；有的将脑袋埋入手臂之中，自言自语、唱歌、玩弄自己的手脚，甚至让自己努力睡着。20分钟以后，实验者回到房间，坚持到最后的孩子又得到一颗软糖。实验后，实验者进行了长达14年的追踪调查。

结果发现，两种孩子在情绪与社会适应方面的差异非常显著。自制力强的孩子社会适应能力较强，较为自信，人际关系较好，也较能面对挫折。在压力面前，不易崩溃、退却、紧张或乱了方寸，能够积极迎接挑战，不轻言放弃。在追求目标时，也能和面对糖果时一样压抑立即得到满足的冲动。冲动型的孩子却约有三分之一缺乏这种特质，并且表现出一些负面特征，例如，怯于与人接触，固执且优柔寡断，容易因挫折而丧失斗志，认为自己是坏孩子，遇到压力容易退缩或者惊慌失措，容易怀疑别人以及对别人感到不满，容易嫉妒或羡慕别人，易怒，常与人争斗，而且和小时候一样，不易压制立即得到满足的冲动。

实验者在这些孩子中学毕业时又进行了一次评估，结果发现当时能够耐心等待的孩子，在校表现更为优异。这些孩子学习能力较好，语言表达力、逻辑推理力、专注力、制订并实践计划的能力、学习动机都比较强。

而且，这些孩子的入学考试成绩普遍较高，耐心等待的孩子比迫不及待吃掉糖果的孩子的平均成绩多出200多分。

有人说："也许当自制力从你的心中崛起时，你将远离往日的欢乐；但请你相信，自制力是事业成功的必要条件。"由此可以看出，如果想要成功，就不能只做自己想做的事情，而要做自己应该做的事情。把眼光放得长远，短时间的不快乐是你成功的积淀，可以说更是一个人成长道路上不可缺少的因素。

| 第 07 章 |

拒绝浮躁，淡定处世方能主宰人生

心情的舒畅与豁达是自己创造的，美好的人生也是靠自己努力得到的。要想好情绪时刻相随，我们就要学会用一颗平常心来对待生活，做到不急不怒不浮躁。人生难得保持一颗平常心，这是一种极高的修养，也是一种处世的智慧，为此我们需要做的还有很多。因此在生活中我们要学会调控自己的情绪，遇到问题不要乱了分寸，处事冷静而理智，远离浮躁，不要预支自己的烦恼，我们的心就会越发平静。

你能掌控情绪，你就能掌控自己的人生

哈佛大学心理学教授丹尼尔·戈尔曼博士指出："了解自己情绪的能力和控制自己情绪的能力，对一个人未来的影响，比他的智商更重要。"从这句话我们可以看出，情绪对于一个人的未来有着不可小觑的意义。人是有情绪的，情绪是伴随着人们的思维而产生的，情绪上或心理上的困扰是由不合理的、不合逻辑的思维造成的。情绪如果不加控制，它将会泛滥成灾，甚至造成无法挽回的悔恨。做人的一个原则，其实就是要控制住自己的情绪。控制不了自己的情绪，就是任性的人。一个任意妄为的人是走不了多远的。

1997年12月，英国路透社的报纸上出现了一张查尔斯王子和一个蓬头垢面的街头流浪汉的照片。这并不仅是查尔斯王子亲民形象的写照，还是一段让人感到惊讶的故友重逢。这位街头游民对查尔斯王子来说不是陌生人，而是老朋友。

原来，查尔斯王子在寒冷的冬天去慰问伦敦的穷人时，意外地碰到了自己儿时的校友。当时，王子并没有认出他来，而是这位名叫克鲁伯·哈鲁多的游民先打的招呼。当王子来到他面前时，他说："殿下，我们曾经就读于同一所学校。"王

子仔细地看了看他，却没有认出来，只好疑惑不解地问："我们是哪个学校的校友？"他回答说："在山丘小屋的高等小学里，当时我们两个是非常要好的朋友，我和你还曾经互相取笑彼此的大耳朵呢。"

王子的同学竟然流落街头，让人看到之后，难免要唏嘘一番。其实，克鲁伯·哈鲁多以前不是这个样子的，他出身于金融世家，就读于贵族学校，后来成为著名的作家。但是，在经历了两次失败的婚姻后，他就在抱怨妻子的冷漠无情中开始了堕落。从此以后，他再也没有兴趣写东西了，而是把大量的时间都用在了酗酒上，常常在喝醉之后号啕大哭，埋怨社会不公平，咒骂妻子不忠诚。时间久了，他把所有的家产都败光了，不得不走上街头做一名食不果腹、衣不蔽体的流浪汉。

一个成功的人必定是有良好控制能力的人。控制自我不是说不发泄情绪，而是不乱发脾气，过度压抑会适得其反。良好的控制力就是不要凡事都情绪化、任由情绪发展，而是要适度控制，这是一种能力的体现。克鲁伯的失败不在于其他方面，而是由于没有控制住自己的情绪，他任由自己在失败的婚姻中堕落，不断地酗酒，才导致一步步丧失人生的斗志。他没有把控住自己的情绪，被负面情绪包围，因而无法主宰自己的命运。

学会控制情绪，也就是变得成熟。善于控制情绪是一个人成熟的表现。成熟就是以一种包容、平和的心态面对生活，而不是像个幼稚的小孩子。你可以这样暗示自己：无论面对怎样的人生处境，总有一种最好的选择。我要用理智来控制情绪，而绝不能让情绪主导我的行动。只要我善于控制自己的情绪，我就是战无不胜的人。

冲动是魔鬼，别让它控制你

冲动，是一种由于受到生活环境中某种刺激而引起的过激行为。如果一个人不能很好地控制自己，那么当他遭遇挫折时，这种过激行为便会很容易爆发出来。冲动是每个人都会有的一种情绪，只不过有的人能克制住自己，而有的人却任由自己胡闹，做出无法挽回的事情。冲动，可以说是人性的一大弱点。所以说，每个人都不应该放纵这种不良情绪，要懂得把控自己的情绪，这样在遇到问题时才会更加理智、宠辱不惊。

《奥赛罗》是莎士比亚的四大悲剧之一，也曾屡次被搬上银幕。《奥赛罗》是一部多主题的作品，爱情与嫉妒、轻信与欺骗、欲望与毁灭、异族通婚等人性与社会主题在其中都有深刻体现。

奥赛罗是威尼斯公国的一员勇将，他与元老的美丽女儿苔丝狄蒙娜真心相爱并顶着巨大压力成婚。奥赛罗手下有一个阴险狡诈的旗官伊阿古，一心想除掉奥赛罗。他精心设计、编造谎言挑拨奥赛罗与苔丝狄蒙娜的感情，说另一名副将凯西奥与苔丝狄蒙娜关系不同寻常，并伪造了所谓的定情信物等。奥赛罗信以为真，在愤怒中完全失去理智，掐死了自己的妻子。当他得知真相后，在悔恨之下拔剑自刎殉情。

这就是冲动的下场，由于奥赛罗过于冲动，他完全失去了理智，行为已经脱离了大脑的控制，最终害人害己，遗憾离世。这是一个爱情悲剧，倘若奥赛罗不那么冲动，能好好分析事情的过程，保持理智，或许就不会做出这样的惨事了。

不知不觉间，王青青已经在这家公司待了两年半了。一直以来，她在工作方面还算可以，没什么大问题，但是最近的一件事却给她带来了大困扰。因为工作上的问题，王青青和自己的同事张小米发生了一些口角，两个人每天都较着劲，谁也不服气谁。

有一天，王青青心情不是很好，因为最近张小米接连受表扬，她的业绩远远盖过了一直以来表现突出的自己，所以她一中午都闷闷不乐。中午吃饭的时候，就因为张小米不小心撞到了王青青，王青青就开始大声斥责张小米。这一吵，使得王青青把自己心中压抑的怒气全都发泄了出来，她指着张小米的鼻子说："你想干什么呀？我看你就是故意的。你不就是最近工作的成绩好受到表扬了嘛！了不起了是吧？走路也开始横着走啊！"看着王青青歇斯底里的样子，张小米羞得满面通红。张小米怎么也想不明白：虽然我们之间有些口角，但是王青青对我的意见也不至于这么大吧？毕竟，工作的事情是工作的事情，不能上升到人身攻击的高度啊！

又过了一段时间，王青青和张小米所在部门的经理跳槽去另外一家公司了，因为张小米在平日的工作中表现突出，最近给公司带来了很大的效益，而且与同事们之间的关系相处得也比较好，所以经理决定升任张小米为部门经理。在所有的部门同事中，王青青是最后一个得知这个消息的。那天，王青青一大早就来到公司上班，却发现同事们都在围着张小米表示祝贺。张小米看到王青青进门，还特意向王青青摆摆手，微笑了一下。然而整整一天，王青青都如坐针毡，她知道，就算张小米不和自己计较，自己那天在一时冲动之下那么说张小米，也是很难再在这家公司上班了。第二天，王青青打电话给公司请了病假，并且让男友把自己的辞职报告送到了公司。

这又是何必呢？因为嫉妒而冲动，骂人是解了一时之气，可是王青青在公司的名声也毁了，最终还付出了惨痛的代价，只能离开公司。其实，王青青与张小米之间的矛盾并没有多大，因为毕竟不能因为工作上的事情影响到私人的感情和同事之间的交往。但是，显然王青青并没有意识到这点。王青青因为对张小米不太满意，就抓住一些小问题对张小米歇斯底里地发火。这样一来，当张小米升任部门经理的时候，王青青根本没有办法面对作为自己顶头上司的张小米。所以说，遇事不要冲动，即便自己当时身处困境。我们要做的是想办法解决问题而不是发脾气，发脾气是解决不了问题的。不要冲动，凡事三思而后行！

很多问题都是由于一时冲动和鲁莽造成的，如果我们在遇到问题时能保持冷静，有些事缓一缓再作决定，那么很多问题都可以避免。

面对生活，需要一颗平常心

如果生活真的是一帆风顺，那么没有波澜的日子也是单调枯燥的，正因为生活有苦有甜，我们的日子才更有滋有味、绚丽多彩。在跌宕起伏中保持一颗平常心很重要。“不以物喜，不以己悲。”是古代留下来的至理名言，宠辱不惊，去留无意，在平淡中给自己一份力量，在喧闹中给自己一份宁静。保持平常心，就是保持一种轻松平和的心态，正确地看待自己，宽容地对待别人，努力与周围的环境保持和谐。一个人能够保持轻松平和的心态，就能不被物欲束缚住心灵、不被狭隘遮住视线。

山姆是一个画家，而且是一个很不错的画家。他画快乐的世界，因为他自己就是一个很快乐的人。不过没人买他的画，他想起来会有些伤感，但只是一会儿时间。

“玩玩足球彩票吧！”他的朋友劝他，“只花2美元就可以赢很多钱。”

于是山姆花2美元买了一张彩票，并且真的中了奖！他赚了500万美元。

“你瞧！”他的朋友对他说，“你多走运啊！现在你还经常画画吗？”

“我现在就只画支票上的数字！”山姆笑道。

山姆买了一幢别墅并对它进行一番装饰。他很有品位，买了很多东西：阿富汗地毯，维也纳柜橱，佛罗伦萨小桌，迈森瓷器，还有古老的威尼斯吊灯。

山姆很满足地坐下来，他点燃一支香烟，静静地享受着他的幸福，突然他感到很孤单，便想去看看朋友。他把烟蒂往地上一扔——在原来那个石头画室里，他经常这样做——然后他出去了。

燃着的香烟静静地躺在地上，躺在华丽的阿富汗地毯上……一小时后，别墅变成火的海洋，它被完全烧毁了。

朋友们很快知道了这个消息，他们都来安慰山姆。“山姆，真是不幸啊！”他们说。

“怎么不幸啊？”山姆问道。

“损失啊！你现在什么都没有了。”朋友们说。

“什么呀？不过是损失了2美元。”山姆答道。

倘若一般人面对如此大的反差，想必心脏已经受不了了。我们不得不佩服山姆的好心态，是啊，虽然一场大火把他得到的意外之财全部烧毁了，但是他只不过损失了2美元，为何要痛不欲生呢？这本来就是幸运得到的，想想确实没这必要。倘若每一个人都如山姆一样拥有如此的好心态，用一颗平常心去看待一切得与失，那么生活中的忧愁与烦恼想必会少很多。

烈日下，有一株成熟的蒲公英保持着直立的姿势。它的顶部有一个毛茸茸的球，这是它的种子。它在等待风的到来，只要风吹过，它的孩子就会随风找到属于自己的那一片土地。

蒲公英感知到了沉闷的空气，知道将会有大风到来。它唤醒了沉睡中的孩子们，对它们说："孩子们，大风就要来了。等到风来的时候，你们要用全力随风飞舞。飞到哪里，哪里就是你们未来的家。"

有一粒种子很是害怕，它嘟囔着："风要把我们带走，我才不要离开妈妈，我要一直和妈妈在一起。"

蒲公英妈妈笑着说："傻孩子，你已经长大了，你得拥有一片属于自己的天地。"

又有一粒种子小声抽泣起来，它对妈妈说："妈妈，我们在乘风飞翔的时候，并不一定都能找到适合生存的土壤，有的可能跌落到柏油路上，有的可能摔在山石上，有的可能淹没在小溪里……而这些可能极大地降低了我们生存下去的可能性。想起来就觉得十分可怕！"

听到这样的话，其他种子也都泣不成声。为了安慰、鼓舞孩子们，蒲公英妈妈亲切温和地说："孩子们，我们四处为家，没有选择的权利。我们需要的就是保持一颗平常心，无论飞到哪里，碰到什么样的境遇，都要在自己降落的位置上拼命地活下去。"

孩子们听了蒲公英妈妈的劝告，点了点头。不久，一阵风吹过。这些种子便都勇敢地飞向远方，寻找属于自己的天地。

是啊，种子无权选择将飞向哪里，却能够选择自己生活的心态——拥有一颗平常心，让自己无论处于什么样的境地都能够生活得更轻松、更快乐！

成功不值得骄傲，那不过是人生的一个驿站，我们不知道走出驿站的下一步是什么。失败不值得伤心，那不过是一不小心走错的一段路，我们可以调整方向从头再来。失意不要沮丧，一年四季里，总有风和日丽的时候。拥有一颗平常心并不是口头说说那么简单，需要我们在生活中不断磨炼自己，不断提醒自己，用自己的智慧与行动成就更为坦然的心态。人生在世，生活中有褒有贬，有毁有誉，有荣有辱，这是人生的寻常际遇，不足为奇。古往今来，万千事实证明，凡是有所成就者无不具有“荣辱不惊”这种极宝贵的品格。荣也自在，辱也自在，一往无前，否极泰来。

不必多想，烦恼皆自找

美国小说家德莱塞曾说：“不要无事讨烦恼，不作无谓的希求，不作无端的伤感，而是要奋勉自强，保持自己的个性。”生活中很多人总是特别喜欢预支自己的烦恼，遇到问题总是胡思乱想，本来事情非常简单，但是他会把它无限度地扩大，结果使自己陷入无尽的恐惧与烦恼中。跟他人有矛盾，本来别人并非故意，但是他就会把自己的敌意故意投射到别人身上，让矛盾不断激化，使自己越发反感与敌视别人。为什么要把自己困住呢？自寻烦恼的人，不可能有平静的日子，人生中的苦难能不能得到彻底解脱，主要取决于一个人内心的力量。如果一个人能够保持平和的心态，坦荡地去面对那些所谓的痛苦和磨难，那么他的生活中就不会有烦恼了。

有这样一个经典的故事：

飞机正在白云之上翱翔。机舱内，空姐微笑着给乘客送食品。中年人细细地品尝，而邻座的年轻人却愁眉苦脸地望着窗外的天空。

中年人颇为好奇，热情地问："小伙子，怎么不吃点儿？这伙食标准不低，味道也不错。"

年轻人慢慢地扭过头，尴尬地说："谢谢，您慢用，我没胃口。"中年人仍热情地搭讪："年纪轻轻的，怎么会没胃口？是不是遇到什么不开心的事啦？"

面对中年人热心的询问，年轻人有些无奈："遇到点儿麻烦事，心情不太好，但愿不会破坏了您的好胃口。"

中年人非但不生气，反倒更热心了："如果不介意，说来听听，兴许我还能给你排忧解难。"

年轻人看了看表，心想：还有一个多小时才能到目的地，那就聊聊吧。

年轻人说："昨夜我接到女朋友的电话，说有急事要和我谈谈。问她有什么事，她表示见了面再说。"

中年人听后笑了："这有什么犯愁的呀？见了面不就全清楚了吗？"

年轻人说："她可从来没这么和我说过话。要么是出了什么大事，要么就是有什么变故，也许是想和我分手，电话里不便谈。”

中年人笑出声：“你小小年纪，想法可不少。也许没那么复杂，是你想得太多了。”

年轻人叹道：“我昨天整个晚上都没合眼，总有一种不祥的预感。唉，您没设身处地，哪能体会我此刻的心情。您要是遇到麻烦，就不会这样开心啦。”

中年人依然在笑，“你怎么知道我没遇到麻烦事？也许你的判断不够准确。”说着，中年人拿出一份合同，“我是去广州打官司的，我们公司遇到了前所未有的大麻烦，还不知能否胜诉。”

年轻人疑惑地问：“您好像一点儿也不着急？”

中年人回答：“说一点儿不急是假，可急又有什么用呢？到了之后再说吧，谁也不知道对方会耍什么花样。可能我们会赢，也可能会一败涂地。”

年轻人不禁有点儿佩服起眼前这位儒雅的绅士来。一晃几十分钟过去，到达了目的地广州，中年人临别时给了年轻人一张名片，表示有时间可以联系。

几天后，年轻人按照名片上的号码给中年人打了个电话：“谢谢您，张董事长！如您所料，没有任何麻烦。我女朋友只是想见见我，才出此下策。您的官司打得怎么样？”

张董事长边笑边说：“和你一样，没什么大麻烦。对方已撤诉，我们和平解决。小伙子，我没说错吧，很多事情要坦然面对，提前犯愁无济于事。”

年轻人由衷地佩服这位乐观豁达的董事长。

这位年轻人不就是“自寻烦恼”这一类人的典范吗？年轻人与这位董事长可谓是形成了鲜明的对比。因为生活中的小事，年轻人愁得无法入睡，而这位董事长对于公司的大麻烦却能坦然面对。谁都有烦恼的时候，但是每一个人有着不同的对待方法，虽然人们常说“人无远虑，必有近忧”，但是过于烦恼于还未发生的问题也是不可取的。因为任何事情都应当要有个“度”，否则会有“杞人忧天”之嫌。所以说，不要总是在心里担忧一些还没发生的坏事，努力做好现在才是最重要的。

在生活中，我们经常羡慕一些乐观没有烦恼的人，妒忌他们处处充满阳光的生活。其实，那些乐观的人并不是我们想得那样生活一帆风顺，他们的生活中也会有灾难和不幸，只不过是他们有着积极的心态罢了。所以，看开一点，其实一切没有你想得那么复杂，不要自己折磨自己，多学习那些心态坦然的人，你的生活就会明媚很多。

先哲说：“世界上最宽广的是海洋，比海洋更宽广的是天空，而比天空更宽广的是人的心灵。”一个心胸辽阔澄明的人，是不会有那么多烦恼的。不管外界如何干扰你，我们的内心还是需要自己来把控。问题不是靠发愁就能解决的，需要我们用智慧和行动去努力。放宽自己的心吧！倘若心灵一片光明灿烂，那烦恼与痛苦便会远遁他乡。

在这个物欲纵流的社会里，多少人能够按捺住自己的那颗浮躁不堪的心呢？都想成大器，可是谁又能坚守住自己的梦想，谁又能熬得住寂寞，谁又能理得清自己的头绪？遇事“沉住气”，处事不浮躁，这是一个成功者必备的素质。

| 第 08 章 |

积极地蜕变，不给内耗吞噬你的机会

成长的过程就是一个不断修正的过程，一个不断走向完善的过程，我们每一个人都不应该抱着得过且过的心态，要学会在每一个人生阶段让自己变得更加优秀。当然，走向成功需要一段很长的路，我们必须要有耐心，对于一个善于等待的人而言，一切都会及时到来。等待并不是坐享其成，而是需要藏锋守拙，在等待中不断改变自己，超越自己，终有一天我们会呈现出最完美的一面。

忍他人不能忍，才能获得他人无法企及的成功

古人云：“忍人之所不能忍，才能为人所不能为。”忍耐是一种力量，很多时候能够创造奇迹。我们收回拳头，从来都不是因为放弃，而是一种蓄力，只有收回的拳头打出去才能更加有力。

唐朝诗人张公的《百忍歌》可以推荐给大家诵读。

百忍歌，歌百忍；忍是大人之气量，忍是君子之根本；

能忍夏不热，能忍冬不冷；

能忍贫亦乐，能忍寿亦永；

贵不忍则倾，富不忍则损；

不忍小事变大事，不忍善事终成恨；

父子不忍失慈孝，兄弟不忍失爱敬；

朋友不忍失义气，夫妇不忍多争竞；

刘伶败了名，只为酒不忍；

陈君灭了国，只为色不忍；

石崇破了家，只为财不忍；

项羽送了命，只为气不忍；

如今犯罪人，都是不知忍；

古来创业人，谁个不是忍。

忍耐也是一种智慧，小不忍则乱大谋，不懂得忍耐何谈成就更好的自己？其实，从某种意义上说，忍耐也是为了等待，等待更好的到来；忍耐也是为了积蓄自己的力量，为了变成更优秀的自己而磨炼心性。只有学会了忍耐，才能为人所不能为，因为成功需要蓄力。

春秋时期，越王勾践被吴王夫差打败，退守在会稽山上。越王要求跟吴国讲和，吴国的条件是要勾践夫妇到吴国给夫差当仆役，勾践答应了。

勾践将国事委托给大夫文种，让大夫范蠡随他夫妇俩前往吴国。到了吴国，他们被囚禁在山洞石室中。夫差两次外出，勾践都亲自为他牵马。有人指骂他，他也不在乎，低眉顺眼，始终表现出一副驯服的面孔，很讨夫差欢心。

一次，夫差病了，勾践在背地里让范蠡预测了一下，得知此病不久就会好，于是亲自去见夫差，探问病情，并亲口尝了尝夫差的粪便，向夫差道贺，说他的病很快就会好的。夫差问他怎么知道，勾践就胡编说："我曾经跟名医学过医道，只要尝一尝病人的粪便，就能知道病的轻重。刚才我尝了大王的粪便，味酸而稍微有点苦，用医生的话说，是得了'时气症'，所以很快会好，大王不必担心。"

果然不出几天，夫差的病就好了。夫差认为勾践比自己的儿子还孝顺，深受感动，就把勾践放回国去了。

勾践归国后，深为会稽之耻而痛苦，一心伺机报仇。他睡不好觉，吃不好饭，不近美色，不看歌舞，苦心劳力，对内爱抚群臣，对下教育百姓，经过三年的努力，百姓都归顺了他。

为了更好地笼络群臣，每当有甘美的食物，如果不够分他就不独吃；有酒就倒入江中，与人民共饮；他自己耕种吃饭，靠妻子亲手织布穿衣，吃喝不求山珍海味，衣服不穿绫罗绸缎。为了锻炼斗志，他不过舒服生活，连褥子都不用，床上铺着柴草，还备一个苦胆，随时尝一尝苦味，以不忘所受之苦。他还经常外出巡视，随同车辆装着食物，去探望孤寡老弱病残。

国力强盛之后，越国终于与吴国在五湖决战，吴国军队大败，越军包围了吴王的王宫，攻下城门，活捉夫差，杀死吴国宰相。灭掉吴国两年后，越国称霸诸侯。

勾践卧薪尝胆，忍他人所不能忍，为他人所不能为，是隐忍让他成就了最后的霸业。对于一个王者来说，甘于屈居于他人之下，以奴仆的身份面对世人，那是一种多大的魄力啊！这是一种韬光养晦的谋略，也是一种能屈能伸的气魄，更是一种等待时机一飞冲天的智慧！

凡是能够有所作为的人，大都有着能屈能伸的个性和坚韧不拔的品质。我们不可能永远处于被动，总有翻身的那一天，学会忍耐，积蓄自己的力量，总有机会证明自己的能力。

失败，不是人生的“死刑”

什么是失败？失败是一块试金石，它可以鉴定出你是否是金子；失败是一面镜子，在它面前，有人悲观颓废、自暴自弃，有人乐观开朗、积极向上。其实，已经过去的事情无可挽回，如果在错过月亮的时候你还在哭泣，那么你很快就会错过星星。我们必须对失败有个清醒的认识，不要经不起失败的打击与碰撞，我们应该明白，没有人永远都是成功的，失败是很平常的事情。我们必须坦然接受失败的事实，认真分析、审视自己受挫的过程，多多寻找方法，克服生活中存在的问题。只有在跟失败的决斗中无所畏惧，才能打败它，走向成功。

李云和鹏鹏是邻居，平日里鹏鹏总去李云家里玩。那天，李云晚上下班回家，看到8岁的鹏鹏一个人坐在街角，就连忙过去问他怎么了。鹏鹏看到李云，眼泪一下就止不住了，对李云说：“阿姨，我爸说，今天的考试如果拿不到前三名，就不让我回家。”

李云连忙安慰他说：“怎么会不让你回家呢，你爸爸只是想要激励你，让你获得好成绩。”鹏鹏擦着眼泪说：“你不知道，我这次考试没有考好，我真的不应该失败的。我一直都是班里最好的。我真的没有想到，怎么会这样呢？阿姨，你说，我该怎么办呢？”

李云只好对鹏鹏说：“鹏鹏，许多伟人都会面临失败，不可能每次都成功，大家都有发挥不好的时候，不要把这件事放在心上。你爸爸也不会真的不让你回家。”说着李云就拉着鹏鹏的手，往他家走去。

当李云敲开鹏鹏家的门时，鹏鹏的妈妈正拿着电话，见到鹏鹏，立刻对着电话大喊：“老公，鹏鹏回来了。李云给他送回来了。”隔得很远，都听得见鹏鹏爸爸的叫喊声：“宝贝儿子，你怎么这么晚才回来？你要吓死爸爸吗？”

李云接过鹏鹏爸爸的电话，向他报平安，并委婉地告诉他不要强求孩子，但鹏鹏爸爸说：“不是吧？我根本就没有说过这话，也从来没有强求过孩子要获得什么好成绩。鹏鹏这孩子就是耐挫性太差，一遇到点问题就受不了了。这可如何是好啊！”李云这才知道，不让回家居然是鹏鹏的幻想，他强行给自己定了一个高目标，并给了惩罚的标准。也许，他以为自己很轻松就能完成这个任务，所以结果出来之后才那么难以接受。

是的，不光小孩子这样，就连有些年纪大的人们也抵抗不住失败的打击，长时间下来就导致心理出现了一些问题。朋友们，我们要有一定的耐挫力，学会接受生活中的挫折与失败，人生还有很长的一段路要走，如果因为一点小失败就萎靡不振，那以后的日子还怎么过啊。

一家大公司要招聘10名职员，经过一段时间严格的面试、笔试，公司从300多名应聘者中选出了10名佼佼者。

在招聘结果公布的那一天，一位年轻人看到结果名单上没有自己，感到十分悲伤，觉得人生无望，就有了轻生的念头，还好被家里人及时发现了，否则后果不堪设想。

正当年轻人伤心之时，从公司传来了好消息：他的成绩本是名列前茅，只是由于计算机的错误，才导致了落选。

听到这个消息，这位年轻人的家人觉得非常惊喜，可是没过多久，坏消息却又再次传来：他被公司除了名。原因很简单，公司的老板认为："如此小的挫折都经受不了，这样的人肯定在公司里干不出什么大事。"

很多人觉得考验一个人的能力主要是看他在困境中的表现，看他如何面对失败与挫折。看失败能否唤起他更多的勇气；看失败能否使他更加努力；看失败能否使他发现新力量，挖掘自己的潜力；看失败了以后他是更加坚强还是就此心灰意冷。

美国考皮尔公司前总裁比伦曾说过："失败也是一种机会。若是你在一年中不曾有过失败的记载，你就未曾勇于尝试各种应该把握的机会。"是啊，失败是成功的必经之路，一次次的失败就是通往成功道路上的一个个里程碑，只有从失败中吸取教训，总结经验，才能让我们不断成长前行。失败并不代表着结束，而恰恰是人生的一个新的起始点。当你失败的时候，请你不要停下你的脚步，你要放慢脚步寻找失败的原因，这样接下来的步伐才会更加有力。

打牢基础，才能建成高楼大厦

我们身边有很多这样的人，好高骛远，不切实际地追求过高或过远的目标，其结果却是一事无成。好高骛远者往往总盯着很远的目标，大事做不来，小事又不做，最终空怀奇想，落空而归。其实，我们应该明白这个道理，如果连基本的都做不好，又怎么去实现那些大目标呢？秦牧在《画蛋·练功》一文中讲道：“必须打好基础，才能建造房子，这道理很浅显。但好高骛远，贪抄捷径的心理，却常常妨碍人们去认识这最普通的道理。”多少人在追寻成功的道路上因为不懂得基础的重要性而迷失了自己，并导致最终一败涂地啊！所以说，必须打好基础，根基稳定牢固了，才能建造更高、更辉煌的人生。

《列子·汤问》记载了纪昌学射箭的故事。

相传，古时候有一位射箭能手名叫甘蝇。他只要对准野兽，一拉弓射箭，野兽就立刻应声而倒，他将箭射向天空中的飞鸟，顷刻间，飞鸟就会从空中坠落下来。凡是见过甘蝇射箭的人，没有一个人不称赞他的射术，都说他箭无虚发，百发百中。

甘蝇有个学生名叫飞卫，他跟着甘蝇学习射箭非常刻苦，几年之后，飞卫射箭的本领竟然超过了他的老师，人们都称赞他名师出高徒。后来，有个名叫纪昌的人慕名而来，拜飞卫为师，跟随飞卫学习射术。飞卫收了纪昌做弟子之后，对纪昌要求十分严格。刚开始学习射箭时，飞卫就对纪昌说：“你是真心要跟我学习射箭吗？你要知道，不下苦功是学不到真本领的。”纪昌立刻表示：“只要能学到射箭的真本领，吃再多的苦我也不怕，我愿意听老师指教。”飞卫很严肃地对他说：“你首先要学会不眨眼，只有做到了不眨眼，才能谈得上学射箭。”

纪昌听了老师的话以后，回到家里，仰面朝天躺在妻子的织布机下面，双眼一眨不眨地盯着妻子织布时不停踩动的踏板。纪昌天天如此，月月如此，这样坚持了整整两年，从未间断。后来，即使锥子的尖端刺到了他的眼眶边，他的双眼也能够一眨不眨。

于是纪昌离别妻子又到飞卫那里去了。飞卫听完纪昌对自己两年来练习情况的汇报后，又对纪昌说：“你现在还没有学到家。要想学好射箭，你还必须要练好眼力，要练到看细小的东西像大的东西一样，看模糊的东西就像看到明显的东西一样。你还得继续练，练到了我所说的程度，再告诉我。”

纪昌再一次回到家中，找了一根牦牛尾巴上极细的毛，一头系上一只小虱子悬挂在窗框上，目不转睛地看着它。十天之后，那只小虱子似乎变大了。纪昌继续坚持不懈地练习。又过了三年，他眼中那只系在牦牛尾毛下端的小虱子似乎又变大了，好像车轮一样大小。纪昌再看周围其他的东西，好像也全都变大了。

于是纪昌找来了用燕国的牛角做装饰的强弓，又找来了用楚国出产的蓬草所制成的利箭。他左手持弓，右手搭箭，目不转睛地瞄准那只虱子，将箭射了出去，箭头刚好从虱子身体的中心穿过。而悬挂虱子的牦牛尾毛却没有丝毫损伤。这时候，纪昌才真正体会到要想学真本领非下苦功夫不可，如果基础打不好，根本没法学到里面的精髓。于是，他又去找飞卫，把这一成绩告诉了他。

飞卫听了纪昌的汇报非常高兴，走过去对纪昌说："看来射箭的奥妙，你已经完全掌握了啊！"

想要学好一门本领提升自己的能力，必须要有良好的基础，如果不懂得下苦功夫，那么基础就不会牢固，如果基础不牢固，那么不管学什么都是泛而不精。学习射箭必须先练眼力，基础的动作扎实了，应用就可以千变万化。其实我们的学习、工作和生活何尝不是这个道理呢？实现自己梦想的过程就好比是建房子，如果只想往上砌砖，而忘记打牢基础，总有一天会倒塌。

时刻等待，才能抓住时机

有一则寓言故事讲述了一头口渴的驴的故事，这则故事告诉了人们善于等待有着怎样的意义。

有一头驴，在固定的时间走到河边饮水。可是这个时候水里的鸭群扇动翅膀，正在开心地玩耍。它们嘎嘎地叫着，互相追逐，把水搅得浑浊不堪。

驴虽然渴得难以忍受，但是它滴水不沾，走到一边，开始耐心等待。

最后，鸭群平息下来，爬上岸，慢慢腾腾地走远。驴重新来到河边，可是河水还很浑。于是，驴又悻悻地走开。

“妈妈，驴为什么不喝水呢？”好奇的小青蛙对驴的举动很困惑，“它已经两次走到河边，可是连一口水也没喝就走了。”

青蛙妈妈回答道：“驴宁愿渴着，也不沾一口脏水。它会耐心等待，直到水变得洁净，变得清澈见底，才肯饮用！”

“哎呀！驴怎么这么固执呢？”

“你说得不对，孩子，与其说它固执，不如说它有耐心。”青蛙妈妈解释说，“驴善于等待，所以能够喝到洁净的水；如果它缺乏克制能力和忍耐力，就只能喝浑浊的脏水了。”

从故事中我们可以看出，虽然驴非常口渴，但是它却没有急着去喝脏水，而是用一颗平静的心去等待。我们应该从这头驴的身上学会坚忍的品质，要明白成功是需要等待的，而不是急于求成。一个人要想办成一件事，没有坚强的毅力和极好的耐心是不行的。学习是这样，工作和做事也是这样。

王猛出生在青州北海郡剧县，年幼时因战争动乱，他随父母逃难到了魏郡。在王猛年轻的时候，曾经到过后赵的都城——邺城，这里的达官贵人没有一个人瞧得起他，唯独有一个叫徐统的人，见了他以后非常惊奇，认为他是一个了不起的人物。于是，徐统召请王猛为功曹，可是王猛不仅不答应徐统的召请，反而逃到西岳华山隐居起来。因为他认为自己的才能不应该干功曹之类的事，而是应该去帮助一国之君来干大事，所以他隐居在山中，静观时势变化，等待机会的到来。

公元351年，氐族的苻健在长安建立前秦王朝，力量日渐强大。公元354年，东晋的大将军桓温带兵北伐，击败了苻健的军队，把部队驻扎在灞上。王猛身穿麻布短衣，径直到桓温的大堂求见。桓温请他谈谈对当时局势的看法。王猛在大庭广众之下，一边把手伸进衣襟里去捉虱子，一边纵谈天下之事，滔滔不绝，旁若无人。

桓温见此情景，心中十分惊奇，他对王猛说："我遵照皇帝之命，率10万精兵，号称正义之师前来讨伐逆贼，为百姓除害，以安天下。可是，关中豪杰却没有人到我这里来效劳，这是什么缘故呢？"王猛直言不讳地回答说："您不远千里来讨伐敌寇，长安城近在眼前，而您却不渡过灞水去把它拿下来，大家都揣摩不透您的心思，所以才不来。"

桓温沉默良久。王猛的话正击中了他的要害，他的打算是，自己平定了关中也只能得个虚名，而实际利益是归朝廷所有的，与其消耗实力，为他人做嫁衣，还不如拥兵自重，为自己将来夺取朝廷大权保存力量。

正因为王猛一言即中，桓温更加认识到他的非同凡响，便道："这江东没有人能比得上你。"

后来，桓温退兵了，临行前，他送给王猛漂亮的车子和优等的马匹，又授予王猛高级官职"都护"，请王猛随他一同南下。但王猛拒绝了桓温的邀请，继续隐居华山。开始的时候，王猛的确是想借桓温这个机会来干一番事业的，但是他观察桓温和分析东晋的形势之后，认为桓温不是甘心久居人下之人，迟早会反叛朝廷的，但是以桓温的实力未必能够成功，自己在桓温手下很难有所作为。

桓温走后的第二年，前秦的苻健去世，继位的是中国历史上有名的暴君苻生。苻生昏庸残暴，杀人如麻。苻健的侄子苻坚想除掉这个暴君，于是广招贤才，以壮大自己的实力。他听说了王猛的名声，就派尚书吕婆楼去请王猛出山。苻坚与王猛一见面就像知心的老朋友一样，他们谈论天下大事，双方的意见不谋而合。苻坚觉得自己遇到王猛就像三国时的刘备遇到了诸葛亮；王猛觉得眼前的苻坚才是值得自己一生效力的对象。于是，王猛留在苻坚身边，积极为他出谋划策。

公元357年，苻坚一举消灭了暴君苻生，自己做了前秦的国君，而王猛成了他手下的得力助手，任中书侍郎，掌管国家机密，参与朝廷大事。王猛36岁时，因为才能突出，精明能干，一年之中连升了五级，成了前秦的尚书左仆射、辅国将军、司隶校尉，为苻坚治理天下出谋划策，干出了一番轰轰烈烈的大事业，成为中国历史上著名的杰出政治家。

王猛没有为了求取富贵荣华而做出一些急功近利的事情，他懂得韬光养晦，更有一颗隐忍等待的心，终于遇到了明主，也最终成就了自己的一番事业。总之，只有善于等待时机，你才不会错过时机，只有懂得积蓄能量，你才会蓄势待发，一飞冲天。善于等待的人，一切都会及时到来。想要成就一番事业，就必须丢弃浮躁的心理，磨炼自己的意志，韬光养晦，这样才能成就更优秀的自己。

被欲望吞噬，便迷失了自己

人之所以痛苦，很多时候是因为自己总是去奢求一些不现实的东西，或者是内心处于无止境的贪婪中。心太贪，得到了还想拥有别的；得不到，内心就会陷入无尽的痛苦中。一个贪得无厌的人，给他金银便怨恨没有得到珠宝，封他公爵则怨恨没封侯，这种人虽身居权贵之位却自愿沦为乞丐。很多人总是被内心的贪婪禁锢，最终结局搞得一发不可收拾，甚至有些人会搭上自己的一生，走上违法犯罪的道路。当金钱成为你唯一的目标，一个小小的谎言便能让你上当，贪婪就开始牢牢地控制住你了。

有一天，兄弟二人去城里赶集，在半路上碰到了一位白发苍苍的老爷爷，他说自己是山上的一位神仙。这位老爷爷说："相遇是一种缘分，既然我跟你们兄弟二人有缘，那么我就告诉你们一个秘密。你们所住地方的附近有一座山，这座山在明天早上太阳刚刚升起的时候，会张开一个山洞，从这个洞口进去就可以看到数不尽的黄金，而且这个洞里的黄金你们是可以拿的，可是有个条件是你们不能久留，在太阳下山之前必须离开山洞，否则你们将会被永远地闷死在大山底下。"

这两兄弟当时简直心里乐开了花，他们怀着无比感激的心情辞别了这位老爷爷，迅速地跑回家里做准备，就等着第二天进入山洞里面去取黄金，兄弟俩做梦都想要得到黄金。

第二天，天还没亮，他们兄弟二人便拿着准备好的袋子上路了，走了一会儿，终于到了期望已久的大山，当他们来到山里，果然看见山脚下裂开一个山洞，兄弟两人进入山洞，眼前的景象果然和老爷爷所说的一模一样，山洞当中到处都是黄金，取之不尽。

他们当时简直不敢相信自己的眼睛，冷静下来之后，他们开始疯狂地往自己的袋子里装金子。他们装了好久好久，终于，弟弟已经把袋子装得满满的，他看了看外面的天，招呼哥哥必须抓紧走了，否则太阳落山之后就永远出不去了。

但是哥哥却非说他的袋子还没装满，弟弟走过去一看，天啊，原来哥哥准备了一个特制的大袋子，要想把这个袋子装满那真的需要费一番功夫。可问题是，即便哥哥能把这个特大的袋子装满，他怎么有力气把这么多的金子背出山洞呢？完全不可能啊！当弟弟把自己的这一想法告诉哥哥的时候，哥哥不屑地说，只要弟弟帮他装满了袋子，他就一定能够背出去。于是弟弟只好帮哥哥继续往袋子里装黄金，后来袋子终于装满了，可是太阳已经快落下山了，他们很着急地往山洞的出口走。

在路上，只背着一小袋金子的弟弟走得很快，但是哥哥却因为装了黄金太多寸步难行。

此时，弟弟已经到达洞口，他看了一眼太阳，大声地吆喝哥哥赶紧扔掉金子往外跑，可是哥哥还是没有理会，笨笨地拖着自己的金子往洞口走。

在太阳落山的一刹那，劝说不动哥哥的弟弟只好无奈地走出了洞口，当他回过头的时候，山洞已经关闭了，过于贪婪的哥哥和他背负的满满一袋黄金永远地被埋在了山底下。

舍弃并不意味着我们会失去，相反，正是因为舍弃，我们才能更好地生活。人生在世，总会有面临各种诱惑之时，这个时候，我们一定要头脑清醒，要学会有选择地舍弃。如果贪婪过度，那么最后你将会被折磨得疲惫不堪，或许本来你应该得到的东西也因为你的贪婪而失去了。

在一座大山里，住着一只麻雀和一户人家。麻雀靠农户掉在地上的米粒为生，倒也生活无忧。可田鼠的到来改变了这一切，由于米少鼠多，轮到麻雀起床时，几乎只剩下些屑末了。

麻雀非常恼火，为了抢夺食物，好几次都得半夜起来，但仍然比不过眼疾手快的田鼠。麻雀想，一定要找个机会除掉这些眼中钉。

机会终于来了，一条饥饿的眼镜蛇爬了过来，田鼠们开始整日惶恐不安。这天，天刚蒙蒙亮，眼镜蛇爬到了田鼠的窝边，查看了一番，没发现目标，便把目光瞄向了树上。

安枕无忧的麻雀并不知道危险的靠近，就在眼镜蛇张开血盆大口的时候，田鼠及时发出警报，才让它逃离了危险。

于是，为了生存，麻雀和田鼠开始合作。麻雀在空中巡逻，负责给睡觉的田鼠们报警，而田鼠也会给麻雀留下可观的米粒。

随着麻雀的长大，它的胃口越来越大，它开始不满足了，提出了分享一半粮食的要求。但被拒绝了，原因是田鼠一家又多了两个孩子，需要大量的食物。心怀恨意的麻雀便开始寻思，要是既解决了田鼠，又能保证以后衣食无忧，岂不是两全其美的事？

一个风和日丽的下午，田鼠们爬出来晒太阳，麻雀自告奋勇担任警戒，已经放松警惕的田鼠们便美滋滋地睡了。眼镜蛇如箭一般冲向田鼠一家，在空中盘旋的麻雀发现了，它张了张嘴，但还是忍住了。

可是，失去了田鼠的警报，麻雀最后也被眼镜蛇吃掉了。

诱惑无止境，欲望也无止境。面对形形色色的事物，很多人完全失去了理智，他们永远感觉不到知足是什么，因为贪婪的心只会让他们越陷越深。生活中有多少这样的事情啊，比如，偷盗、受贿、赌博……当一个人沉浸在欲望里的时候，他们其实已经迷失了自己，只为了寻求更多。朋友们，凡事讲求一个度，有舍才有得，我们要克服贪婪，从容面对生活，这样你收获的不仅是财富，还有无尽的欢乐。

以自己为目标，先改变再超越自己

张颖是一个非常优秀的学生。在学校，她几乎是“全优生”，每次考试全校总分第一，各单科第一；参加全校运动会，她是长跑组的第一；参加唱歌比赛，她是全校第一。总之，在学校，提起张颖的名字，其他的同学都知道她是“第一”。

但是，进入了高二后，张颖却变得闷闷不乐起来，学习成绩也直线下降，不仅拿不到各单科第一，连总分第一也拱手让给了别人。她越来越烦躁，脾气越来越坏。

后来，班主任发现了其中的秘密——原来，张颖长期“第一”后，自尊心膨胀，便力争事事第一，一旦看到“本属于自己的第一”被别人夺走，便会谴责自己，便会日夜加班去追赶。结果，由于休息得不到保障，她失去“第一”的次数越来越多，情绪不好的时候也越来越多，内心也越来越痛苦。

一天早上，张颖第一个到校，走到教室门口时，另一个同学冲上来，抢着去开门，说：“我今天做第一！让我尝尝开教室门的滋味儿！”

不容分说，那个同学抢先打开了教室门，并冲了进去，然后回头冲着张颖得意地笑。张颖眼中的光芒顿时隐去，她的心隐隐发痛。张颖忍住泪水，脱口说：“第一是我的，你怎么可以……”

那个同学向张颖做了一个鬼脸，说：“老占着第一有什么意思，让我也尝尝第一的滋味儿。”

事事争第一的张颖此时恨不得找个地缝钻下去，因为自己的第一被别人强行抢走了。

事后，班主任老师找到张颖，跟她说道：“张颖，我知道你现在的情况，因为成绩一直是第一，所以感觉有一点变动就接受不了。争取‘第一’说明你的上进心比较强，但是你不能永远被‘第一’给牵制住。我们要尽全力让自己变得优秀，但是不能保证自己永远第一，我们不能在成绩起伏的时候迷失了自己。我们改变不了别人，无法阻止他人的前进，我们要做的就是不断完善自己，超越自己。成绩优秀时不骄不躁，成绩下降时积累经验，这样才能健康地成长。”

张颖听到老师的话感觉非常受益，从此她再也不因此而烦恼，而是以一颗平常心去面对，尽最大努力地改变自己，超越自己，变得更加开朗，成绩也仍旧那么优秀。

是啊，我们改变不了这个世界，但是我们能改变自己，我们可以让自己变得更加优秀。只有看到自己的缺点和不足，能够正视自己，我们才能更好地完善自己。

约翰·戈达德出生于美国洛杉矶郊区，他15岁时就把自己一生想干的大事列了一个表，题名为“一生的志愿”。表上列着：“到尼罗河、亚马孙河和刚果河探险，登上珠穆朗玛峰、乞力马扎罗山和麦特荷恩山，驾驭大象、骆驼、鸵鸟和野马，探访马可·波罗和亚历山大一世走过的道路，主演一部《人猿泰山》那样的电影，驾驶飞行器起飞降落，读完莎士比亚、柏拉图和亚里士多德的著作，谱一部乐曲，写一本书，游览全世界的每一个国家，结婚生孩子，参观月球……”他还给每一项都编了号，一共有127个目标。

后来，戈达德完成了127个目标中的106个。在实现自己目标的过程中，他历经艰辛，多次冒险，有过18次死里逃生的经历。他曾对别人说：“这些经历让我学会了百倍地珍惜生活，凡是我能做的我都想尝试，人们往往活了一辈子却从未表现出巨大的勇气、力量和耐力。但是我发现当你想到自己快要完了的时候，你会突然产生惊人的力量和控制力，而过去你做梦也没想到过自己体内竟蕴藏着这样巨大的能量。当你这样经历过之后，你会觉得自己的灵魂都升到另一个境界之中了。”

其实，每个人都蕴含着无限的能量，只是大部分人没有发挥出来而已。你不逼自己一把，真的不知道自己到底有多优秀，我们应该像约翰·戈达德一样懂得挑战自己的极限，不断超越自己，让自己迸发出惊人的力量，这样才能看到一个全新的自己。每一个自我都必须处于不断的更新之中。经常进行新的自我策划，就可以在不断的成长中脱胎换骨，生命的品质也会在这不断的变化中趋向更高的境界。

| 第 09 章 |

要自省但不要内耗，在时间的打磨中历练自己

“宝剑锋从磨砺出，梅花香自苦寒来”，人必须要经历一定的打磨才能磨炼出最坚毅的品质，才能走向人生的辉煌。正如珍珠，它原本只是一粒沙子，人们看到的是它的晶莹与美丽，但是没有看到它大放光彩之前自我磨炼的孤寂。想要出类拔萃，你必须能承受住成功之前的寂寞，必须用自己平和的心态来面对当下的困苦，不要让任何事情成为你放纵自己的理由。我们要记住：再艰难的人生，也不能磨灭自己的志向。

再“穷”，也要志向远大

“穷且益坚，不坠青云之志”这句话来源于初唐诗人王勃的《滕王阁序》，“穷”并不是“穷苦”的意思，它在古文中象征着精神层面的意义，可以理解为“不得志，处境艰难、窘迫”，这句话是说“一个人处境越是艰难，就越是坚忍不拔，不丧失高远之志”。是的，人必须要有伟大的志向，即便人生再艰难，也不能让自己在困顿中丧失意志，丢弃自己的志向。我们要谨记自己的使命，时刻记住自己的志向，时刻为自己的志向付出比常人更多的努力，最重要的是要坚持到底，最终才能实现自己的梦想。

孔子是我国著名的教育家，他在小时候就树立了救世为民的远大志向，他曾经担任过管理仓库的“委吏”和管理牧场牲畜的“乘田”，在当时这些都是非常卑微的职业，但是为了实现自己的志向，孔子在这些普通而又卑微的职位上仍旧做出了成绩，后来终于得到了鲁国权臣季氏的赏识，从此踏入了上大夫阶层。

后来，鲁国的君王让孔子代行宰相的职务，参与国政的治理。孔子参与国政治理三个月的时间里，就让鲁国发生了很大的变化，商人们不再哄抬市价，百姓们也恪守法律，社会秩序非常稳定。在这段时间里，孔子还做了两件大事：第一，他在齐国和鲁国两国国君会盟的时候，借助自己的口才和智慧使强大的齐国归还了鲁国的土地；第二，下令拆除了鲁国三大权臣之中季氏和叔孙氏的城池，以此加强国君的权力。虽然孔子治理国家的时间非常短，但是他的“救世”思想得到了广泛的传播，而且效果非常明显。这其实就是孔子坚守自己志向的结果，如果他在担任卑微职务的时候就放弃了，那么后面的这些故事就不会发生。

此时的齐国看到了鲁国的发展变化，齐国担心强大起来的鲁国对自己不利，于是就给鲁国的国君贡献了很多美女和歌妓，以此来扰乱视听。鲁国的国君果然迷失了自己，不再关心朝政，孔子看到这些之后，认为自己的思想无法在鲁国实行下去了，就带着自己的学生以及救世的主张离开了鲁国，他希望得到其他诸侯的信任。

当时，各个诸侯国几乎都由权臣或大氏族执政，他们都担心国君任用孔子而限制了他们，所以极力加害于他。孔子到卫国的时候，就有人带着官兵来威胁和恐吓他和他的弟子；孔子到宋国的时候，宋国的一些权臣也派人来暗杀他；孔子到楚国的时候，虽然得到了楚昭王的赏识，并且得到了封地，但是却被令尹子西反对，孔子遭受了多次围攻，差点因此而丢失了性命。

虽然在各国奔波的孔子遭受了很多挫折和打击，也受尽了磨难，但是他一直坚持自己的志向，从来都没有改变过。有一次，孔子在陈国和蔡国之间遭受了两国大夫的攻击，当时他和弟子已经很久没有吃到食物，没有一点力气了，很多学生因为饥饿而倒下了。可就算是面对这样的困境，孔子依然弹瑟吟唱，毫无沮丧泄气的样子。学生们看到屡遭挫折的老师仍旧如此乐观，更加增添了敬佩之情，很多学生都说："我们的老师有这样高的志向，就算现在不被人所理解，但是他依旧坚持，还在不断努力，这才是真正君子的做法啊。"

有些逃避到山林中隐居的人自认为看穿了世态炎凉，就嘲笑孔子和他的救世思想。他们都认为孔子是在做无用功，他的努力只能让他一次次碰壁。有人还去劝说孔子的弟子不要再跟着孔子做傻事，不如和他们一样退隐山林，然后等着太平盛世到来。孔子对此非常不屑，他说："我们不要在山林中和鸟兽为伍，如果我们处于太平盛世，那么我们还要做什么呢？"

孔子在各国奔波的过程中经常寄人篱下，连一个落脚的地方也没有，处境非常艰难，等他到了齐国之后，齐景公准备给他赏赐田宅，但是孔子却拒绝不接受，他对学生说："齐景公并没有接受我的主张，现在赏赐给我田宅无非是可怜我，这种做法我怎么可能接受呢？"孔子一直将救世为民作为自己最高的志向，他的这种坚持一直没有改变过，他也不追求荣华富贵。

后来孔子离开齐国，时隔十四年又回到了自己的家乡鲁国，因为没有诸侯国愿意接受自己的主张，所以他决定回到家乡从事教育事业。孔子打破了当时只有贵族子弟可以读书的传统，招收了很多平民学生，并且认真培养他们。后来孔子的一些学生得到了一些诸侯国的重用，他们贯彻了老师的思想，不断奋斗，其实这都是孔子的志向在起作用。

孔子离开人世之后的汉朝，儒士董仲舒继承并且改进了孔子的思想，得到了汉朝皇帝的认可，于是出现了“罢黜百家，独尊儒术”的局面。虽然孔子一生都没有实现自己的志向，但是他对志向的执着使得儒家思想得以发展和传承，从某种意义上来说，其实孔子已经实现了自己救世为民的志向。

能实现自己志向的人，是一个成功者，也是一个幸福者。心存远大志向是成功的必要条件，仅仅拥有志向，你不一定能得到成功；但是如果没有自己的志向，成功对你而言就无从谈起。生活中，能做到像孔子这样坚守志向，执着追求的人又有多少呢？不论前途多么渺茫，不论世事多么艰难，心在路上，脚在路上，一路前行，就没有到不了的明天。

为梦想拼命，你会成为那个赢家

“不想当将军的士兵，不是好士兵。”这是拿破仑说过的一句名言，相信大家都非常熟悉。这句话写出了一个人想要成功的雄心，我们要知道成功者都是因为有一颗“想当将军”的野心而最终达成目标的。有野心就要去拼搏，敢于拼搏。不断地打磨自己，才能有朝一日展现出自己的光芒。珍珠，原本只是一粒沙子，它的存在不正好验证了这个道理吗？正如歌曲中唱的："三分天注定，七分靠打拼，爱拼才会赢。"古今中外，许多成功者都是经过拼搏而成就其伟业的，在他们的背后，我们看到的是汗水，是奋斗，是拼搏。

面对生死，面临困境，如果自己倒下了，如果丧失了生活下去的信念，那么一切将会结束。倘若你挣扎一下，奋力拼搏，支撑起自己活下去的信念，那么当你重新站起来的那一刻，你才会更明白生存的意义。

朋友们，人生就是一场搏斗。敢于拼搏的人，才能成为命运的主人，否则你只能被命运牵着鼻子走。车尔尼雪夫斯基曾说过："历史的道路不是涅瓦大街上的人行道，它完全是在田野中前进的，有时穿过尘埃，有时穿过泥泞，有时横渡沼泽，有时径经丛林。"我们的人生不可能总是风平浪静的，总会经历狂风暴雨的时刻。所以我们要想稳稳地站住，就应该不断地打磨自己，敢于拼搏，永不放弃，永远记住：爱拼才会赢。

再坚持一秒，前面就是成功

牛顿说过："胜利者往往是从坚持最后5分钟中得来的成功。"世间最容易的事也是最难做的事，最难的事也是最容易做的事。很多没有成功的人最怕的就是那种不成功之前痛苦的折磨。都说“黎明前是最黑暗的”，其实在成功之前也是最寂寞的。你只有耐得住成功之前的寂寞，静静地品味此时的滋味，才能跨越成功所必经的障碍。

上课铃响了，刘老师走进了五年级2班的教室，这节课要讲的内容是关于如何获得成功的。他告诉学生，要想获得成功，很重要的一点就是愿意为目标一而再再而三地不断努力。

“重复真的是一件令人烦恼的事情！”李林说道。

“是呀，如果老是受挫，我会很灰心。”张涵说。

“同学们，”刘老师回答，“半途而废终究一事无成，而且你将会失去很多锻炼自己的机会，成功更是遥遥无期。还记得发明电灯泡的爱迪生吗？他尝试了1000多次才获得最后的成功。你们试想一下，如果他在尝试了50次、500次甚至800次之后，因为厌烦或灰心而放弃了，世界会变成什么样？”

“看来我应该在体育课上继续练习投篮。”李林说。

“没错。”张涵说，“我也要继续努力，把字写得漂亮一点。”

“说得很好！”刘老师说，“如果一开始你失败了，那就继续努力，再接再厉。灰心丧气，放弃认输，就意味着你肯定无法实现目标，但继续努力则表示你又多了一次成功的机会。当你最后成功的时候，哪怕之前你失败了1000次，你也会对自己充满信心，这不只是因为你获得了成功，还因为你拥有一种锲而不舍、永不放弃的精神。”

成功，说起来容易做起来难，因为成功之前需要经历一定的磨难和失败，许多人之所以做事情以失败告终，主要原因就是在成功之前因承受不住而倒下，既然倒下“认命”，那么何谈成功呢？就像刘老师说的“要想获得成功，很重要的一点就是愿意为目标一而再再而三地不断努力”，必须承受住成功之前的寂寞和痛苦，否则也担负不起成功时的荣耀。

太阳神阿波罗和掌管文艺的缪斯女神卡利俄帕的儿子俄耳甫斯有一副优美的歌喉和一把漂亮的七弦琴，他的弹唱能使岩石落泪，使流水止步。

俄耳甫斯娶了一位美丽的仙女，叫欧律狄克，他们生活得幸福美满。可惜好景不长，妻子在林中游玩时，不幸被毒蛇咬伤而死。

俄耳甫斯悲痛欲绝，于是下到地府，决心把妻子救回来。他拨动着七弦琴，借助歌声向冥王倾诉自己对妻子至死不渝的爱情。备受感动的冥王终于同意让他携妻子重返人间，但条件是他在走出地府之前，都不能畏惧艰险和为情所动，更不能回头看妻子一眼。

俄耳甫斯高兴地答应了这个条件，随即带着自己心爱的人踏上重返人间的道路。他们历尽艰辛，终于到了只要再跨上一步就可重返人间的关口。

这时，颇为得意的俄耳甫斯居然忘记了冥王的告诫，深情地回眸看了一眼妻子，欧律狄克顷刻间便魂飞魄散，只匆匆留下了一句：“永别了，亲爱的！”

俄耳甫斯从此郁郁寡欢，四年之后依旧孑然一身。其间无数美女向他求爱，都被他婉言谢绝了。于是因爱生恨的美女们在一次聚会上杀死了他。

后来，此事为天神宙斯所知。宙斯怜悯俄耳甫斯这位天才歌手的惨死，于是将其最心爱的那把七弦琴置于星空中，变成了我们现在所看到的天琴座。

俄耳甫斯缺乏一步的坚持，就被成功的大门远远地拒之门外，这是一个多大的遗憾啊。朋友们，我们在前行的道路上会经历很多事情，但是我们应该明白，如果半路放弃，那么前面所做的一切将会前功尽弃，所以不论何时都不要被挫折打败，要做一个经得起打磨的人。正所谓“行百里者半九十”，越接近终点越难走好。这就告诫我们，做事情要持之以恒，善始善终，愈接近成功就愈要认真对待。

打磨自己，拥有超强的自制力

自制力是一个人约束自己的能力。它能帮助人们控制、调节自己的行为和情绪，激励自己去做合理的事情，抑制不合理的情绪和行为等。自制是一种集忍耐、坚毅、勇敢和智慧为一体的良好品格，猝然临之而不惊，无故加之而不怒，任狂风还是暴雨，我自岿然不动。有着良好的自制力，是一个人成功的必要条件。

李丽今年已经上初三了，面临着升学的压力，可以说是时间紧迫，学习非常紧张。可是每天做功课时，李丽都管不住自己。刚开始的几道题她还是认认真真地做，但没过半小时，她就坐不住了。李丽自己也觉得很苦恼，她想管住自己却做不到，好像总有一种无形的力量支配她离开自己应该做的事。

其实，李丽的行为就是一种自制力极差的表现。可是，她的这种较差的自制力是怎样形成的呢？原来，李丽是家中的独生女，父母把全部希望都寄托在她的身上，从很小开始，父母就对李丽进行了早期教育。先是弹琴，后是画画，念英语，学算术。李丽学习的时候很用功，爸爸妈妈都十分高兴。看着女儿这样辛苦，妈妈很心疼，在李丽学习的时候经常会送来零食之类的。小孩子禁不住诱惑，时间长了，就养成了习惯，没有零食就不能把事做下去。因此，李丽专心做事的时间不能长，并且总是坐不住，注意力不集中，不能安心学习。长时间下来，李丽的成绩总是不理想，每当考试成绩出来时，李丽看到自己那可怜的成绩都很伤心，有时甚至会大哭一场，暗下决心一定要认真学习，但几天之后，就会把自己的苦恼抛到脑后，还是控制不了自己。

其实，很多人在上学的时候经常遇到这种问题，自制力的严重缺乏导致心里乱糟糟的，不能集中注意力专心学习，长时间下来，学习成绩直线下滑。古希腊数学家毕达哥拉斯说过：“自制是世界上最强大的力量和财富。”想要在自己从事的工作中有所成就，就必须培养自己的自制力，如果你无法专心投入，那么不管你做什么事情都只会是草草了事，什么也做不好。很多事实也证明了较强的自制力是成功的重要保证。

如果你管控不住自己的行为，那么你就只能被他人管控。朋友们，我们必须学会对自己狠一点，这样才能更好地支配自己的人生。

自制力是一种善于控制自己的情绪，支配自己的行动的能力。自制力是培养气场的一个支撑点，寻找到这个支撑点，气场就会提升到一个新的水平。能够自我控制的人才能获得真正的自由和成功。要坚定自己的信念，不被任何外来力量所左右，循着既定的目标，磨炼自己的自制力，相信你会更快地走上成功的道路。

常常反省，找到自己的弱点

著名的思想家曾子曾说过："吾日三省吾身，为人谋而不忠乎？与朋友交而不信乎？传不习乎？"从这句话我们应该明白一个道理，那就是要学会反省。自我反省的能力是一种内在的人格智力，是认识自我、完善自我和不断进步的前提条件。具备自我反省能力的人，就能正确地看到自己的不足，就能够心甘情愿地去不断完善自己，让自己变得更加优秀。

陈玉成再次失业了，到处应聘也没有找到一份合适的工作，心里十分烦恼。有一天晚上，他坐在自己的出租屋里沉思。想起自己的三个好朋友，张寒、李运和陈刚都混得比他好多了。张寒是工程师，李运是一名运营经理，陈刚在一家杂志社当主编，都是相当体面的工作，陈玉成扪心自问，自己并没有什么地方不如他们。经过长时间的反思，陈玉成终于明白了自己落后他人的原因，那就是性格上的差异。

陈玉成一直想到凌晨两点，但是他的头脑依然很清醒，他用自省的“镜子”观照自己，发现自己第一次看清了自己，认识到了自己过去的种种缺陷。一直以来，自己常常骄傲自大，而且做事情比较冲动，在工作上没有进取心，意志也不够坚定。然后，陈玉成痛下决心，决定痛改前非，做一个自信、乐观的人。

第二天，陈玉成怀着自信去面试，结果被顺利地录用了，在他看来，他之所以能得到这份工作，与前一晚的反省有很大的关系。

上班以后，凭着自己的努力，陈玉成很快就在公司树立了良好的形象。有一段时间，公司的经济状况很不景气，员工的情绪都不稳定，而意志坚定的陈玉成已经成了公司的中流砥柱，陈玉成力挽狂澜，带领公司的员工渡过了难关。因为他在公司最危难的时候作出了很大的贡献，老板将他提升为副总。

从陈玉成身上我们可以看到，他之所以能够取得成功，离不开自己的反省意识。是的，如果不懂得常常反省，那么你就不知道自己的缺陷在哪，也不会明白怎么去改善自己。只有多多反省，才能巧妙地运用自己的能力，使自己走向成功。

反省是人们认识自己的秘诀，大多数人因为没有经常反省自己的习惯，所以看不到自己的变化和周围环境的变化，进而看不清自己的本质，于是无法思考自己的未来。只有懂得反省自己的不足，才能更好、更便捷地去实现自己的梦想，才不会得过且过地去面对自己的人生。

李哥和陈哥是多年的朋友，他们在同一栋高级写字楼里，各自有一家小型公司。李哥公司的工作环境非常不和谐，员工们经常为鸡毛蒜皮的小事吵架，人人相互戒备，每天怨声载道，度日如年；而陈哥公司的员工们彼此之间则相互坦诚，相互尊重，人人笑容满面，每天心情愉快，开心不已。李哥看到陈哥的员工们天天和睦相处，内心非常羡慕，却又不知其中的奥妙所在。于是，有一天他去楼上想找陈哥讨教。不巧陈哥不在，在接待大厅，他向接待员讨教秘方。

李哥问："你们有什么好办法使公司一直保持和谐愉快的气氛呢？"那位接待员不假思索地回答："因为我们经常做错事。"正当李哥对此感到疑惑不解时，忽见一员工从外面回来，走进大厅时不慎摔了一跤。

这时，正在拖地的勤杂人员立刻跑过来，一边扶他一边道歉："真对不起，都是我的错，把地板拖得太湿，让你摔倒了，我向你真诚地道歉。"站在大门口的值班员见状也跑过来说："不，都是我的错，我没有及时提醒你大厅里地板还没有干，应该小心点，都是我一时疏忽造成的。"摔跤的员工听后没有一句抱怨的话，更没有指责任何人，只是自责地说："不，不是你们的错，是我的错。都怪我自己太不小心了……"

看了这一幕，李哥恍然大悟，他终于明白了陈哥的员工们和睦相处的原因所在。回到公司以后，李哥进行了一系列的培训教育，让每个员工从自身做起，半年后，公司风气有了明显的好转。

与其抱怨社会的不公，生活的不顺，不如学会反省，反省能让自己的内心更加舒畅明了。所以说，不论你性格好坏，也不论你是否顺心，都要懂得时时去反省自己、检讨自己，这样你的生活才会变得更加和谐。

德国著名诗人海涅说得好："反省是一面镜子，它能将我们的错误清清楚楚地照出来，使我们有改正的机会。"哲学家苏格拉底也认为："未经自省的生命不值得存在。"反省有许多好处，它能让我们更清醒地认识自己。在宁静的心灵状态下，我们可以看清事情的本来面目，包括我们对事情应负的责任和做事的方法。懂得反省，才能更好地进步。

心境淡然，方能宠辱不惊

毕淑敏说："你不要总希冀轰轰烈烈的幸福，它多半只是悄悄地扑面而来。你也不要企图把水龙头拧得更大，使幸福很快地流失，而需静静地以平和之心，体验幸福的真谛。"

现如今，面对纷繁喧闹的世界，我们的内心往往难以保持平静。内心的不平静，反映到行动上，就是忙乱无序。平和是人的一种心态，也是人的一种精神状态。无论是伟人还是凡夫俗子，都必须要有平和的心态，才能活得潇洒、轻松、快乐、无忧。如果没有平和的心态，一个人容易变得暴躁不安，遇事无法冷静处理，在前进的道路上是很难走得长远的。

1914年，爱迪生的实验室发生了一场大火，损失超过200万美元。他一生的心血成果在大火中化为了灰烬。

在大火最凶的时候，爱迪生的儿子查里斯在浓烟和废墟中发疯似的寻找他的父亲。他最终找到了，爱迪生正平静地看着火势，他的脸在火光摇曳中闪亮，他的白发在寒风中飘动。爱迪生说："查里斯，你快去把你母亲找来，她这辈子恐怕再也见不着这样的场面了。"第二天早上，爱迪生看着一片废墟说道："灾难自有它的价值，瞧，这不，我们以前所有的谬误过失都被大火烧了个一干二净，感谢上帝，这下我们又可以从头再来了。"

火灾过去不久，爱迪生发明的第一部留声机就问世了。

很多事情是你无法左右的，但是你能做到的是把控自己的内心。正如爱迪生遇到的这次火灾，他从没有把它看作是一场灾难，而是觉得这是一次从头再来的机会，试问谁能够做到这一点呢？心态的平和与稳定更能够成就一个人的一生，因为在淡然中我们更能够有清醒的头脑来思考自己要做的事情。当自己身处困境的时候，我们不妨告诉自己："这点挫折算什么，没什么大不了，我不可能被打败，一切都会过去的！”这样或许更容易让我们的心境变得平和。

我国伟大的国学大师季羡林先生就是一位心态极为平和的人。在担任北大副校长期间，有一次他正走在校园里，有一个新生因要去报到却苦于无人看管行李，看到季羡林后，他以为是学校里的普通校工，就招呼一声说：“老师傅，您帮我看一下行李，我去办个入学手续就回来，好吗？”季羡林答应了，但那个学生一去就是一小时，回来后发现季羡林还在，就说了声“谢谢”，季羡林也点点头就走了。在第二天的开学典礼上，那个学生竟然看到昨天帮自己看行李的“校工”正坐在主席台上，一问才知道是季羡林。

季羡林就是这样一个具有平和心态，谦虚、正直、诚实的人，正是他的这种心态为他赢得了别人的尊重，也让他在浮华的尘世能静下心来搞自己的学问。

著名学者张中行先生评价季羡林：“一是学问精深，二是为人朴厚，三是有深情。”可是季羡林自己却对别人对他的那些“国学大师”“泰斗”“国宝”等的称呼不以为然，他还写了文章“三辞桂冠”，在央视栏目《艺术人生》做嘉宾时，主持人朱军曾问他为什么要写这样的文章，季羡林却说，自己只是为国家做了点事情，配不上这几个称呼。

季羡林翻译出了令他享誉海内外的《罗摩衍那》。这是汉语的首译本，8大册，9万行，历时整整10年，为中印文化交流作出了巨大贡献。他还主编了《东方文化集成》这样的鸿篇巨著，计划10年出书500种。他那质朴的大脑永远都是白云舒卷，不知老之已至，乐于做各种事。就连生病住院治疗期间，他也没闲下来，仍然每日坚持创作，日写2000字，每天也还在思考着他手里的一套中国佛教史学术巨著。

季羡林平时并不希望别人打扰，打断他仅有的工作时间。除了非去不可的特殊活动，比如他主编的书要发行，学校安排什么活动，其他活动很少参加。他喜欢听二胡演奏的乐曲，但从不在这上面花费太多时间。他对时间特别珍惜，除了吃饭、睡觉，就是工作、工作。

一颗平淡的心，成就了季羡林不平凡的人生。他专注于自己的研究，他不为世事烦扰，不被物质迷惑，遇事总能保持住自己的那颗平淡如水的心。朋友们，好的心态会给一个人带来太多太多的好处，它有益于一个人的身心健康，能让人的情绪保持稳定，还能赢得更多的敬重。静下心来，仔细看看这个世界，我们很容易就会察觉到，原来生活不是不美好，而是我们一直在抱怨中扭曲了生活。我们应该试着去做一个淡然的人，学会与人分享，学会在残缺中品味快乐、在逆境中感受幸福。

| 第 10 章 |

逼自己一次，不让内耗使你止步不前

很多人舍不得让自己吃苦，总怕自己吃了亏，其实这是一种错误的观念。舍不得让自己吃苦的人，注定一辈子受苦，想要追求更有品质的生活，就要懂得逼自己一把，这样才能看出自己到底有多出色。生活中要活得精彩，就要懂得不断向前迈进，抓住机遇，不断攀登，还要有着不放弃的精神，不断努力。尽力做好每一件事，那么，成功自然会水到渠成。

完善做事态度，每件小事都尽善尽美

“天下难事，必作于易；天下大事，必作于细。”这句话出自老子《道德经》，意思是说天下的难事都是从容易的时候发展起来的，天下的大事都是从细小的地方一步步形成的。因此，想要有所作为就不能小觑了小事的影响力，尽力做好每一件小事才能让自己的努力引起质的变化。

或许有些人觉得芝麻小事都没什么实际意义，也不可能会影响大局，更不会升级到成就一番事业的地步。所以，他们总是好高骛远，极易在前进的路上迷失自己，被一些他们所谓的小事情绊脚。事实上，任何一件事情要想做得完美，都要以一些小事作为基础；而任何一个问题的解决，都有一件决定性的小事起着举足轻重的作用。

陈蕃生于东汉时期，从小他就是一个心怀大志的人，总是想着有朝一日成就一番事业。在他看来，自己就不是一个普通的平凡人，所以他总是给人留下心高气傲的印象。一天，他的朋友薛勤来访，见他住的屋子又脏又乱，便问他：“你这小子，平时家里脏些也就罢了，现在你家里来客人了，你怎么也不把屋子打扫干净以显示你的待客之道啊？”陈蕃答道：“我是顶天立地的男子汉，我要干的是一番大事业，我是一个心怀天下的人，这种小事我是不会做的。”薛勤当即反问道：“一间屋子你都治理不了，怎么治理天下呢？”陈蕃无言以对。

很多人总是自命不凡，感觉自己是天生的战略家，觉得自己是指点江山的大人物，所以从不把所谓的小事放在眼里。可是他们却不明白，能够认真做好每件小事的执行者，是可遇而不可求的。很多伟人的成功离不开点滴小事的积累，他们涉猎广泛，从生活中不断学习，才在合适的契机产生质的变化，成就自己的一番伟业。所以，我们应该改掉急功近利、心浮气躁的毛病，认认真真地做好每一件小事。

浩珉和志林是大学同学，他们学习的是计算机专业，在大学毕业之后，两个人被聘到了同一家公司上班。初次走出校园的两个人感觉一切都充满着激情，决心好好努力，在工作中努力拼搏，闯出自己的一片天地，实现自己的价值。可是事情没有他们想象中那么美好，浩珉和志林都被安排做一些琐碎而单调的工作，每天早上打扫卫生，中午预订盒饭，帮同事复印资料、接收传真，等等。还没过试用期，志林感到受到了侮辱，不甘心在这里做这些没前途的工作，便辞职不干了。志林想让浩珉和自己一起走，志林说：“我们难道就在这里受他们侮辱吗？我们是大学生，怀着满心的希望与激情来这里大展拳脚，可是他们怎么对待我们的？整天把我们当作打杂人员，实在受不了这个委屈，我要辞职离开了，去一个能让我好好发挥自己能力的地方。”可是浩珉却不这样认为，在浩珉看来，公司这样安排肯定有其道理，做这些看似琐碎的工作能让他很快和公司的同事熟络起来，为以后的工作做准备。

就这样过了两个月，有一次公司召开全体员工会议，在会议结束的时候，经理把浩珉叫到办公室跟他谈心，说了一些工作上的事情之后，经理问道："浩珉，为什么当初没有和志林一起离开呢？"浩珉说："从小母亲就告诉我，无论做什么事都不能马马虎虎，不放在心上，否则，什么事情都不可能做好。"

听到浩珉的回答，经理满意地点点头："其实我明白，你们刚刚毕业，心高气傲，可这正是对你们的一个考验，因为一个脚踏实地工作的人是必须要懂得做好基本的事情的，如果连最基本的事情都做不好，更不可能把大事做好了。恭喜你！通过了公司的考察。"

第二天，公司正式安排浩珉去做一些有关计算机方面的工作。

而志林一直来往于各大招聘会，因为没有任何一家公司会把重要的任务交给新来的员工，都会有一个考察的过程，很可惜，志林没有通过考察，他总认为自己是做大事情的人，每次工作不到一个月就离职。

如果小事你都做不好，那还怎么说自己是做大事的人？万事的成功都需要良好的基础，就像是盖高楼一般，没有那一砖一石的积累，哪来的一座座高耸入云的摩天大厦？总之，把每一件简单的小事做好是成就大事的基础，要想在工作中取得优异的成绩，就需要沉下心来，用心做好每一件小事，不能抱有敷衍了事、挑三拣四的态度。

愿意吃苦的人，才会出人头地

“故天将降大任于是人也，必先苦其心志，劳其筋骨，饿其体肤，空乏其身，行拂乱其所为，所以动心忍性，曾益其所不能。”如果一个人舍不得让自己吃苦，那么也就注定一辈子受苦，很多时候我们需要对自己狠一点，这样才能激发自己的斗志。“吃得苦中苦，方为人上人”，不要把苦难当成是不可逾越的伤痛，不要把它看得如此消极，一个人只有经历了艰难困苦的磨炼，才能真正树立起战胜困难的信心，才能在日后的人生中面对各种挑战。

宋濂，明朝初年浦江人，著名政治家、文学家、史学家、思想家，主修《元史》，参加了明初许多重大文化活动，参与了明初制定典章制度的工作，颇得明太祖朱元璋的器重，被人认为是明朝开国大臣之中的佼佼者。

宋濂年幼的时候，家境十分贫苦，但他苦学不辍。他自己在《送东阳马生序》中讲：“我小的时候非常好学，可是家里很穷，没有什么办法寻到书看，所以只能向有丰富藏书的人家去借来看。因为没钱买不起，借来以后，就赶快抄录下来，每天拼命地赶时间，计算着到了时间好还给人家。”就是这样，他积累了丰富的学识。

有一次，天气特别寒冷，冰天雪地，北风狂吼，以至于砚台里的墨都冻成了冰。家里穷，哪里有火来取暖？宋濂的手指冻得无法屈伸，但仍然苦学不敢有所松懈，借来的书坚持要抄好送回去。抄完了书，天色已晚，宋濂只能冒着严寒，一路跑着去还书给人家，一点不敢超过约定的还书日期。因为他守信，许多人都愿意把书借给他看。因此他能够博览群书，增加见识，为他以后成才奠定了基础。

到了20岁，宋濂成年了，就更加渴慕圣贤之道，但是也知道自己所在的穷乡僻壤缺乏名士大师，于是他不顾疲劳，常常跑到几百里以外的地方，去找自己同乡中那些已有成就的前辈虚心学习。后来他觉得这样学习不是长久之计，于是就到学校里拜师学习。他一个人背着书箱，拖着鞋子，从家里出来，走在深山之中，寒冬的大风吹得他东倒西歪，数尺深的大雪把脚下的皮肤都冻裂了，鲜血直流，他也没有知觉。等到了学馆，人几乎冻死，四肢僵硬得不能动弹，学馆中的仆人拿着热水把他全身慢慢地擦热，用被子盖好，很长时间以后，他才有了知觉，暖和过来。

为了求学，宋濂住在旅馆之中，一天只吃两顿饭，什么新鲜的菜、美味的鱼肉都没有，生活十分艰辛。和他一起学习的同学们一个个华服奇丽。但是宋濂不认为那是什么快乐，丝毫不羡慕他们，而是穿着自己朴素无华的衣服，不认为自己低人一等，不卑不亢，照样刻苦学习。因为学习中有许多足以让他快乐的东西，那就是知识。他根本没有把吃、住、穿不如人这种表面上的苦当回事。正是宋濂能忍受穷苦，自得其乐，才能成就一番事业。

成长是一个破茧而出的过程，美丽的蜕变中蕴涵着千回百折的磨砺，而正是这个不断战胜困难的过程，才使得我们攀到了新的高度。想要不再吃苦，那么你就要积极主动地去战胜苦难，严格要求自己，付出艰苦努力，才是获得成功的关键。蜜蜂辛苦劳作，最终才能酿造出香甜的蜂蜜。在个人成长的道路上，我们取得的每一次进步都源于艰苦的奋斗和拼搏。

无论何时，都不轻易放弃

罗勃特·史蒂文森说过："不论担子有多重，每个人都能坚持到夜晚来临；不论工作多么辛苦，每个人都能做完一天的工作。每个人都能很甜美、很有耐心、很可爱、很纯洁地活到太阳下山，这就是生命的真谛。"是的，生命是美好的，只是每个人看待事物的心情不同罢了。很多人遇到挫折或磨难时总是失去了生活的信念，轻易放弃，甘愿堕落。但是他们却不知车到山前必有路，只要自己努力去改变，希望其实就在不远处，人们所经历的一切只不过是使自己变得更好的磨炼罢了。

所以说，不论何时，不要轻易地说放弃，相信大家都应该明白：成功者绝不放弃，放弃者绝不会成功。要想拥有自己的一片明朗的天空，靠的是自我努力，而不是自我放弃。

开学第一天，古希腊大哲学家苏格拉底对他的学生们说：“今天咱们只学一件最简单而且最容易做的事。每人把胳膊尽量往前甩，然后再尽量往后甩。”说着，苏格拉底示范做了一遍。

“从今天开始，每天做30下。大家能做到吗？”学生们都笑了，大声回答道：“当然能。”大家都在想：这么简单的事，有什么做不到的。

过了一个月，苏格拉底问学生们：“开学时我让大家坚持做的事情，就是每天甩手30下，哪些同学坚持了？”超过90%的同学都骄傲地举起了手。

苏格拉底微微点头。

又过了一个月，苏格拉底又问学生们。这回，坚持下来的学生只有八成。

一年以后，苏格拉底再次问大家：“请告诉我，最简单的甩手运动，还有哪几位同学坚持了？”

这时，整个教室里，只有一个人举起了手。

这个学生就是后来成为古希腊另一位大哲学家的柏拉图。

虽然这只是一个简简单单的小动作，可是极少有人能坚持下去。这个故事不是说谁甩手了谁就能成功，而是说它代表的是一种毅力，是永不放弃的决心。多少人刚开始时踌躇满志，在经历风雨的过程中却丧失了斗志，坚持不是一件容易的事情，可是放弃却在一念之间。在历经逆境的磨炼之后，仍然能够傲然前行的人，必定能成就自信的人生。

丽莎和艾文是一家大公司的职员，有一天公司传来消息打算裁员，在名单中出现了丽莎和艾文的名字，按规定一个月之后她们必须离岗，当时她俩的眼眶就红了。

次日，她们来到公司，收到被辞退的消息之后，两个人心里还是很不舒服的。丽莎的情绪仍然非常激动，跟谁都没有什么好声气。可是丽莎不敢找老总去发泄，只能跟主任诉冤，找同事哭诉："为什么是我？我一直尽职尽责地工作，公司这样对我真的是太不公平了。"

丽莎声泪俱下的样子，人们看来也是非常心酸，可是又不知如何安慰，而丽莎也只顾着到处诉苦，以至于她的分内工作——传送文件、收发信件等，都不再过问了。

丽莎其实一直以来都是一个很不错的同事，平时里和大家相处得也很好。可是最近消息下来之后，丽莎活脱脱变了一个人似的，整天气愤愤的，许多人都开始有些怕和丽莎接触，躲着她，后来就有点厌烦她了。

艾文和丽莎的心态却是截然相反，在裁员名单公布之后，当天晚上艾文哭得泣不成声，但是想了一夜之后，她的心态有所转变，她觉得事情已经成了定局，不如欣然接受，她就和以往一样工作。由于大家都不好意思再吩咐艾文做什么，艾文便主动向大家揽活。面对大家同情和惋惜的目光，艾文表现得非常淡然，她总是一笑带过说："事情就这样了，没办法挽回还不如欣然接受，抱怨也没用，只是浪费时间和精力，与其这样，还不如干好最后一个月，以后想干恐怕都没有机会了。”每天，艾文还是像之前那样勤快地打字复印，随叫随到，坚守在自己的岗位上。

一个月后，丽莎如期下岗，而艾文却从裁员名单中消失，留了下来。领导当众传达了老总的话：“艾文这样的员工，公司永远不嫌多！”

抱怨能改变什么？只不过会让身边的人反感，让自己一味地消沉。与其这样，还不如尽最大力量去改变自己，丰富自己。如果自我放弃，那么没有人能帮助我们。所以说，在身处逆境的时候，不要堕落；在痛苦不堪的时候，不要绝望；在迷茫彷徨的时候，不要丧失斗志，一定要一遍遍告诫自己：“全世界都可以放弃我，但是我不可以放弃自己。”这是对自己的鼓舞，更是对自己尊严的敬重。

不留退路后，唯有前进

有句话说得好：“不逼自己一把，你永远不知道自己有多优秀。”是的，有时候我们就是对自己太过纵容，得过且过，因而无法发挥出自己的潜能，在很多难题的处理上也丧失了自己优秀的处理能力。每个人都有潜能，一个人的潜能要靠激发才能挖掘出来；一个人必须要通过磨炼，才能活出自己。一个人如果不逼自己一把，永远都不知道自己有多能干。所以，不要老是为自己的不努力找借口，在困难面前也不要为自己的怯懦找退路。做一个强者就要敢于突破自己，对自己狠一点，这样你才能更加优秀。

曾经有一位年轻人，从小家里就非常贫困，迫于生活的压力，十几岁的时候他就不得不到处推销保险。在他工作的第一天，他就只身一人去跑客户，当他走到一座大楼面前时，抬头看着这高耸的大楼，环顾这人来人往的道路，他真的是非常紧张，也非常害怕。可是，他想起了自己的座右铭："如果你做了，没有损失，还可能有大收获，那就放手去做。马上就做！全力以赴！"

生活困窘的他逼迫自己走进了大楼，尽管他很害怕会被人踢出来，但这样的事情没有发生。

每当他踏进一间办公室的时候，他都用自己的座右铭来激励自己，为自己加油打气。不管自己多么紧张，他都逼迫自己去坦然面对，因为他要生活，他知道自己没有退路。

第一天，他卖出了两份保险。虽然不算太成功，但在了解客户需求和工作方式方面，他却收获颇丰。

第二天，他卖出了4份，第三天增加到6份……从此之后，他终于找到了自己的方法，他在一步步走向成功！在他看来，一个人只要逼自己一把，不要逃避，那么再大的困难也会度过，马上就做，全力以赴，你就能成功！

这个年轻人就是美国著名的推销大师克里蒙·史东。

朋友们，我们不要无视自己的能力，其实我们每一个人都是很棒的，只不过有的人付出了行动来证明自己，而有的人在困难面前不知所措罢了。古时候作战，经常用的一个计策是“置之死地而后生”：将士兵们引入没有退路的绝境，促使他们竭尽全力、勇往直前，直至打败敌军赢得胜利。这就是为了不给自己找退路，要想活着，就必须豁出一切逼迫自己向前冲。破釜沉舟的故事正是说的这一点。

秦朝末年，赵王赵歇的军队被秦军大将章邯围攻，在巨鹿陷入秦军的包围中，危在旦夕。当时，楚怀王任命宋义为上将军，项羽为副将军，前去救援赵国。

宋义本是一个胆小无能、自私自利之人，他用花言巧语迷惑楚怀王，取得了楚怀王的信任，并获得了上将军的职位，但是，真正到了战场上，他却非常害怕和秦军交锋。在将士们一个个摩拳擦掌，准备与秦军拼杀时，宋义只是躲在帐中饮酒作乐，迟迟不下令进攻。

项羽在多次劝说无果后，忍无可忍，冲进帐中杀了宋义，并说他叛国反楚。之后，楚军众将士便顺势拥立项羽为上将军。

之后，项羽带领军队，全军出发，前往巨鹿为赵国解围。在全军渡过黄河之后，项羽命令将士们每人带上3天口粮，然后砸碎了军中全部的锅。命令下达后，将士们都愣住了。项羽说道：“没有了锅，我们就可以轻装上阵，以最快的速度去解救危在旦夕的盟军。至于吃饭的问题，等我们打过去，再到章邯的军中去取锅做饭吧！”

后来，大军渡过了漳河，项羽又命令将士们将所有的渡船都砸破，沉入河中，同时还烧掉了所有的行军帐篷。

将士们一看，所有的退路都没有了，打赢了便能够带着荣耀活着回来，而打输了便只有死路一条了。于是，所有将士们都奋勇向前，以一当十，与秦军展开了厮杀。在战场上，杀声震天，楚军将士越打越猛，直杀得战场上血流成河。最后，经过多次交锋，楚军终于大败秦军，赢得了这次著名的以少胜多的战役，也正是这次战役奠定了项羽日后的霸主地位。

逼自己一把，你就能看出自己有多优秀；逼自己一把，你才能不会总给自己找退路。朋友们，如果遇到困难，我们不要总想着逃避，说不定向前走一步就能找到解决问题的方法。不要太宠着自己，你会把自己惯坏的。多一点磨炼，才能多一点成长；多一点努力，才能多一点成就。

机遇一旦错过，就不会再来

什么是机遇？其实机遇是一种有利的环境因素，让有限的资源发挥无穷的作用，借此更有效地创造利益。“谋事在人，成事在天”，说的是事业成功取决于两方面的因素：一是主观努力，二是客观机遇。很多人在生活中因为抓不住机遇而总是徒留遗憾，最终后悔莫及。是的，机遇就像我们指缝中的时间，稍纵即逝，所以说，当机遇走到我们身边的时候，我们一定要在时限内好好地把握住它。

《飘》这部文学名著在文学史上产生了很大的影响，根据《飘》改编的电影也很受人追捧，其中因扮演女主角郝思嘉而大放光彩的费雯丽也受到了很多人的喜爱。但是我们或许不知道，在接下这个角色之前，费雯丽其实只是一个不受瞩目的小演员。她之所以能够因此而一举成名，就是因为她大胆地抓住了自我表现的良好机遇。当《飘》开拍时，女主角的人选还没有最后确定。毕业于英国皇家戏剧学院的费雯丽当即决定争取出演郝思嘉这一角色。“怎样才能让导演知道我就是郝思嘉的最佳人选呢？”这个问题困扰着她。

费雯丽想了很多方法，最终她作出了一个决定，她要自己向制片人举荐自己，证明她是最合适的人选。一天晚上，刚拍完《飘》的外景，制片人大卫又愁眉不展了。可是正在他郁闷的时候，他看到楼梯上走下来两个人，那位男士他认识，正是男主角，可是那个女士怎么这么陌生呢？只见她一手扶着男主角的扮演者，一手按住帽子，居然自己把自己扮成了郝思嘉的形象，那双明亮的眼睛，那纤细的腰肢，都让人们惊艳。当时大卫感到非常好奇，她的举止有一种似曾相识的感觉，正在这时，男主角兴奋地向他喊了一声：“喂！请看郝思嘉！”大卫一下子惊住了：“天呀！真是踏破铁鞋无觅处，得来全不费工夫。这不就是活脱脱的郝思嘉吗！”于是，费雯丽被选中了。

这就是懂得为自己创造机遇的典型案例，费雯丽用自己的智慧去制造机会，因而接下女主这一角色，从而一举成名。

朋友们，机遇是非常重要的，我们要懂得为自己创造良好的机会，这样才能更好地达成我们的目标，实现我们的愿望。

机不可失，时不再来，我们每一个人都明白这个道理，可是能做到的又有几个呢？抓住了机会，我们就可能乘风而起，登上成功的巅峰；如果错失了机会，我们就可能会让唾手可得的成功擦肩而过，因而懊悔不已。你不理机遇，机遇也不会理你，那么你离自己的梦想就会越来越遥远。当机遇来临时，我们一定要紧紧地抓住，当没有机遇的时候，我们也不要苦苦等待，无所事事，要结合时局为自己创造机遇，这样才能成为一个有所收获、有所成就的人。

拖延，是效率的大敌

艾伦一直有一个毛病，办事情总是拖拖拉拉，不仅在生活上是这样，在工作上也不例外。例如，艾伦在工作中常常积压一大堆来信。如果第一封信中涉及一个棘手的问题，艾伦就把它搁置一旁，找一封容易答复的信去处理。就这样，没多长时间，艾伦手头那些没有回复的信就已经堆了好几包了。可是在艾伦眼里这是没办法的事，他感觉无法改变。

对此，曾有人告诉过他："不要以为拖拖拉拉的习惯是无伤大局的，它是个能使你的抱负落空、破坏你的幸福，甚至夺去你生命的恶棍。"

后来，艾伦听从了大家的意见，也认识到了事情的严重性，他决心改掉这个毛病，直到彻底战胜它为止。艾伦不断向身边的人学习，他自己也掌握了一个原则：如果有一件事情要做，立即就干。最后，艾伦终于成功地改掉了拖延的恶习。

拖延让我们的惰性越来越强，拖延让我们的借口越来越多，拖延让我们的成事越来越少。总之，拖延就是潘多拉的魔盒，一旦打开，就会把我们推向无底深渊。如果你还想做一个有上进心的人，如果你不想蹉跎你的人生，那么就不要为自己的拖拖拉拉找借口了。

程刚和李寒是大学同学，关系比较好，毕业之后他们去了同一家公司面试，幸运的是都被该公司录取了。因为刚毕业没什么经验，所以一开始，公司给他们开出的薪水都很低。面对低薪，程刚愤愤不平。于是，在平时的工作中，程刚总是埋怨、推卸责任，还利用工作时间和同事闲聊，把工作丢到一旁，毫无顾忌。渐渐地，程刚做事变得拖拉起来，效率低下。经理要他星期一早上交的方案，他到星期二早上依然未做完。经理批评他，他就带着情绪工作，把方案做得一塌糊涂。再后来，程刚接到工作任务时，不是考虑如何把工作做好，而是一开始就在想如何推卸责任。

李寒则不同，他虽然对低薪也感到不满，但他并未一味地去抱怨、闹情绪。在李寒看来，机会来自于汗水，一分耕耘一分收获，只有今天的努力，才能换来明天的收获。李寒懂得多利用时间学习，他经常在车间走动，熟悉制作工艺，学习产品生产流程，即使汗流浃背，也一丝不苟。长时间下来，李寒的负责、勤奋、好学引起了厂长的注意。不久，李寒就被提拔为厂长助理。而程刚因为对工作总是一拖再拖，最后被公司解雇了。

担任助理后，李寒依然积极主动，认真负责地处理厂里的每一项事务，分内的、简单的事，他总是第一时间完成；重要的、紧急的、需要领导决策的事，他会及时向厂长汇报，并督促各部门及时把工作做好、做到位。在李寒的组织管理和协调下，公司的生产效率得到了极大的提高。

工作中很多人喜欢拖拖拉拉，好像自己占了便宜一般。他们觉得这是一种明智之举，这样做不但会使自己的工作变得轻松，而且所得到的报酬也不会因此而减少，何乐而不为呢？可是他们却没有发现，他们已经把自己推到了懒惰、平庸、枯燥、失败的边缘。

工作中因拖延而丧失斗志，生活中因为拖延而浪费时间的事情也不在少数。很多人总是这样想：“等我富裕了，我一定带着我的父母到各国转一转；等我有时间了，我要去看看我之前的小伙伴；等我条件再优秀一点，我就对我喜欢的女孩表白；等到下一个春天到来，我一定会陪你去看最美的风景……”等着，等着，时间都过去了，而我们到底实现了几个当初的愿望，又兑现了多少诺言呢？其实很多事情我们都想做，可是都没做，我们总是在等待最恰当的时刻。事情就这样一天天、一次次地拖着，在拖延的过程中，我们蹉跎了岁月，也留下了遗憾，时间不等人，拖延让我们做的事情越来越少。所以，不要拖拖拉拉，有什么事情就尽力去做吧，不要让拖延的毛病导致自己一事无成。即刻去做，不仅能提高你的办事效率，也是一种良好的生活习惯，更能体现出一个人对生命的尊重。

参考文献

[1] 巴希姆. 精神内耗自救指南[M]. 郑静，译. 北京：中信出版社，2023.

[2] 迪芬巴赫. 请停止精神内耗[M]. 卜涵秋，译. 北京：水利水电出版社，2022.

[3] 于德志. 反内耗[M]. 成都：天地出版社，2019.

[4] 若杉. 停止内耗[M]. 南京：江苏凤凰文艺出版社，2022.